Hilfe, meine Hündin ist trächtig!

Hundenachwuchs für Anfänger

(Foto: MarkoDuca/Shutterstock)

Bärbel Kronz

Hilfe, meine Hündin ist trächtig!

Hundenachwuchs für Anfänger

CADMOS

Haftungsausschluss:
Autorin und Verlag haben den Inhalt dieses Buches mit großer Sorgfalt und nach bestem Wissen und Gewissen zusammengestellt. Für eventuelle Schäden an Mensch und Tier, die als Folge von Handlungen und/oder gefassten Beschlüssen aufgrund der gegebenen Informationen entstehen, kann dennoch keine Haftung übernommen werden.

IMPRESSUM

CADMOS im CADMOS Verlag

Grafisches Konzept: www.ravenstein2.de
Covergestaltung: Gerlinde Gröll, www.cadmos.de
Lektorat: Dorothea von der Höh
Satz: Hantsch PrePress Services OG, Wien

Fotos auf dem Umschlag: Shutterstock/Tiplyashina Evgeniya
Fotos im Innenteil: Bärbel Kronz, Shutterstock.com

Druck: www.graspo.com

Deutsche Nationalbibliothek – CIP-Einheitsaufnahme

Die Deutsche Nationalbibliothek verzeichnet diese Publikation in der Deutschen Nationalbibliografie; detaillierte bibliografische Daten sind im Internet über http://dnb.ddb.de abrufbar.

Printed in EU

ISBN 978-3-8404-2064-1

INHALT

(Foto: Bärbel Kronz)

EINLEITUNG

Meine Freundin Christa ließ ihre heiße Hündin in den umzäunten Garten, wo die kleine Jule sich gern aufhielt. Es trafen Freunde ein, man unterhielt sich angeregt und niemand achtete auf die Hündin.

Plötzlich zeigte einer der Besucher mit dem Finger Richtung Garten. „Guck mal, Christa, was ist da los?" Alle Blicke richteten sich nun auf Jule, die mit einem Rüden den besten Sex ihres jungen Lebens hatte. Der Rüde war bereits abgestiegen und die beiden hingen Po an Po zusammen.

Christa wusste aus vielen Gesprächen mit mir, dass man in dieser Situation auf keinen Fall die Hunde trennen darf. Böse Verletzungen wären die Folge. Der Scheidenmuskel hält die Peniswurzel stark fest. Erst wenn der Muskel sich lockert, was nach der Ejakulation geschieht, kann sich der Rüde von der Hündin trennen.

Im Fall eines solchen ungewollten Deckakts ist es wichtig, die Hündin innerhalb der nächsten 30 Stunden einem Tierarzt vorzustellen. Er kann mit einer Östrogeninjektion einen Abort einleiten und eine Trächtigkeit verhindern.

Aber meine Freundin Christa dachte in ihrer Aufregung nicht daran, sondern sie rief mich erst nach einigen Tagen an, um mir von dem Deckunfall zu erzählen. Nun war es zu spät und sie musste sich auf einen Wurf einrichten.

Sie war nervös und bat mich, ihr alles Wichtige aufzuschreiben, was sie bei Trächtigkeit, Geburt und Aufzucht der Welpen wissen und besorgen sollte. Nach dieser Mitteilung und all ihren Fragen kam ich auf den Gedanken, dieses Buch zu schreiben. Ich denke, dass ich mit einfachen Hinweisen Menschen Unsicherheiten nehmen und sie unterstützen kann. Falls das ein oder andere Problem auftaucht, werde ich Ihnen hier einiges dazu an die Hand geben, damit Sie es lösen können.

Und jetzt nehmen Sie die Situation an und freuen sich auf die interessante Zeit mit Ihrer Hündin und dem Nachwuchs.

Es ist passiert

Im Fall der kleinen Jule stand der Rüdenbesitzer während des Deckakts vor dem Zaun und sah sich das Spiel an, ohne rechtzeitig einzugreifen. Er hinderte seinen Rüden auch nicht daran, über den Zaun in den Garten zu springen.
Die Kosten für Tierarztbesuche, besondere Fütterung der Mutter und Welpen, einige Einrichtungen im Wohnbereich, Welpenspielzeug, Bewirtung der Welpeninteressenten und so weiter sind nicht unbeträchtlich. Es ist also eine Überlegung wert, sich mit dem Rüdenbesitzer darüber zu unterhalten.

Ich liste Ihnen hier Kosten auf, die auf Sie zukommen beziehungsweise zukommen können. Diese Zahlen sind natürlich nur ein Anhaltspunkt (Circapreise) und können von Ort zu Ort und von Geschäft zu Geschäft unterschiedlich ausfallen. Tierarztpreise sind nicht verbindlich geregelt. Die Behandlungskosten können sich je nach Tageszeit, Wochentag, Region und Tierarzt stark unterscheiden. Wählen Sie auf jeden Fall einen Tierarzt, der auch nachts, an Wochenenden und Feiertagen erreichbar und zu Hausbesuchen bereit ist.

Sie sollten unbedingt eine Notfallkasse anlegen, falls Welpen oder die Hündin erkranken oder eine OP notwendig wird. Ein Kaiserschnitt kann 800 Euro kosten.

Ich habe vor Beginn der Zucht viel gelesen und gelernt. Auch Sie wollen die ungewohnte Lage meistern und die Situation mit

Impfen, chippen, entwurmen	*pro Welpe ab 150 Euro*
2 x Ultraschall	*180–260 Euro*
Futter + Pflege	*pro Welpe ab 70 Euro*
1 Vetbed	*40–65 Euro*
Brustgeschirr + Leine pro Welpe	*40 Euro*
Welpenspielzeug	*25–45 Euro*
Tunnel von Ikea	*10 Euro*
Welpenmilch Royal Canin	*ca. 40 Euro/kg*
Welpen-Ringschüssel	*10–20 Euro*
350 l staubfreie Einstreu für 5 Wochen	*300 Euro*
Patientenunterlagen/ Inkontinenzunterlagen	*30 Euro/100 Stück*

Dazu kommen noch die Kosten für das Material der Wurfkisten und für den Auslauf, die Zeitungsanzeigen und Handzettel.

Trotz der Kosten, Mühe und Arbeit wird der Hundenachwuchs Ihnen viele spannende und wundervolle Momente schenken. (Foto: ErmolaevAlexander/Shutterstock)

gutem Gefühl in Angriff nehmen. Es ist nun mal passiert und Sie benötigen viel Zeit und Geduld in den nächsten Wochen. In der Ruhe liegt die Kraft! Sie werden sehen, dass viele spannende und wunderschöne Momente auf Sie warten.

Die Rechtsanwältin Ann-Kathrin Fries sagt dazu:

„Auf der strafrechtlichen Seite handelt es sich bei einem ungewollten Deckakt nach § 303 Strafgesetzbuch (StGB) um eine strafbare Sachbeschädigung an der Hündin. Als zivilrechtliche Folge gilt die Halterhaftung des Halters des Rüden gemäß § 833 Bürgerliches Gesetzbuch (BGB), da jeder Tierhalter alle Schäden ersetzen muss, die sein Tier verursacht. Um ein gerechtes Ergebnis zu bekommen, muss aber Ihre möglicherweise vorliegende ‚Mitschuld' abgezogen werden, so zum Beispiel, wenn Sie die läufige Hündin ohne Leine spazieren geführt haben oder Sie sie auf seinem Grundstück nicht ausreichend gesichert haben.
Sollte der Halter sich weiterhin weigern, die Kosten zu übernehmen, sollten Sie sich anwaltlich vertreten lassen und nach Klärung einer möglichen Mitschuld einen angemessenen Betrag geltend machen."

Nur ein Mal im Leben

Sie lieben Ihre Hündin heiß und innig. Auf den Spaziergängen mit ihr treffen Sie immer wieder eine Frau, die mit ihrem Rüden unterwegs ist und der jedes Mal, wenn er Ihre Hündin sieht, vor Freude ausflippt. Auch Ihre Hündin spielt und rennt gern mit ihm. Sie wedelt stürmisch mit ihrer Rute, sobald sie seiner ansichtig wird. Da keimt der Gedanke in Ihnen auf: Diese beiden Vierbeiner sind wie füreinander geschaffen und sollten ein Mal im Leben Nachwuchs haben. Sie können sich gut vorstellen, dass Ihre Hündin eine tolle Mutter wird, und gönnen ihr diese Erfahrung von ganzem Herzen. Die Rüdenbesitzerin schließt sich schnell Ihrem Plan an und gönnt natürlich ihrem Herzblatt auch dieses Erlebnis.

Doch süß und lieb allein reicht leider nicht. Einige Angelegenheiten müssen nun realistisch und verantwortungsvoll angegangen werden. Ich gehe mal davon aus, dass beide Hunde regelmäßig und gründlich entwurmt und geimpft wurden.

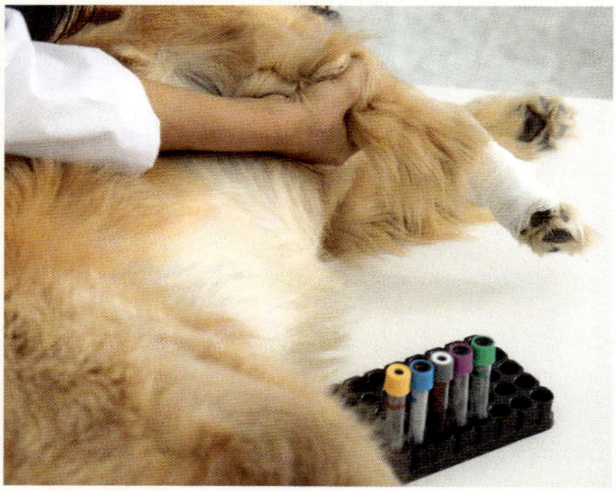

Um den allgemeinen Gesundheitszustand feststellen zu können, wird der Tierarzt bei beiden Tieren ein großes Blutbild machen. (Foto: Sevenland/Shutterstock)

Auch eine gute Kondition der Hündin ist wichtig. Sollte sie einen großen Wurf erwarten, wäre es schlecht, wenn sie bei der Geburt des neunten oder zehnten Welpen keine Kraft mehr hätte und ihn nicht austreiben könnte. Eine fortschreitende Herzerkrankung muss ausgeschlossen werden, da sonst die Gebärmutter in einer bestimmten Phase der Trächtigkeit nicht mehr mit genug Blut versorgt wird. Die Föten sterben in dem Fall ab.

Eine Hündin sollte frühestens bei der dritten Hitze gedeckt werden und nicht jünger als zwei Jahre sein. Erst dann ist sie biologisch reif.

Ein großes Blutbild muss bei beiden Tieren gemacht werden, damit der allgemeine Gesundheitszustand von Organen und Schilddrüse beurteilt werden kann. Krankheiten der Schilddrüse haben oft Störungen der Fruchtbarkeit zur Folge. Außerdem kann es dadurch zum Abort oder zu Frühgeburten und untergewichtigen Welpen kommen. Es wäre zu schade, wenn kranke Hunde verpaart würden. Sicher möchten Sie gesunden Nachwuchs in der Wurfkiste erleben.

Der Tierarzt untersucht vor dem Decken bei beiden Zuchtkandidaten die Genitalien. Mit einem Endoskop stellt er bei der Hündin fest, ob eine Scheidenspange vorhanden ist. Sollte dies der Fall sein, würde sie große Schmerzen beim Eindringen des Rüden haben und ihn wegbeißen. Sollte diese Missbildung, die schon in frühembryonaler Phase entstanden ist, vorhanden sein, muss sie chirurgisch entfernt werden. Beim Rüden muss klar sein, dass keine Phimose (Verengung der Vorhaut) vorliegt.

Der Tierarzt wird bei Ihrer Hündin auch eine bakteriologische Untersuchung durch-

Ob geplant oder ungeplant - durch jeden Wurf sind Sie plötzlich für das Wohlergehen vieler kleiner Lebewesen verantwortlich. (Foto: DulovaOlga/Shutterstock)

führen. Stellt er bestimmte Keime fest, wird er rechtzeitig vor dem Deckakt mit einem wirksamen Antibiotikum behandeln. Lassen Sie Ihre Hündin bitte am Anfang der Läufigkeit gegen Herpes impfen. Hierzu lesen Sie unter „Erkrankungen der Welpen“ später mehr. Wenn der Rüde in der Nähe wohnt und die Hündin täglich mit ihm spielen kann, ist es während der Läufigkeit kein Problem, die fruchtbaren Tage zu erkennen. Der Rüde wird den richtigen Zeitpunkt wittern und decken. Was aber ist, wenn Sie sich einen

Rüden ausgesucht haben, der weit weg wohnt? Hier den optimalen Deckzeitpunkt zu erwischen, bedeutet einerseits, auf das Verhalten der Hündin und auf die Ausflussfarbe zu achten, andererseits bieten Progesterontests (Progesteron = Gelbkörperhormon) beim Tierarzt Sicherheit.

Die fruchtbaren Tage variieren stark bei den Mädels. Bei unseren Hündinnen ließ sich eine schon am elften Tag der Läufigkeit decken und unsere Tracy immer erst am 18./19. Tag. Am Anfang der Läufigkeit sehen Sie kräftig rotes Blut. Im Lauf der nächsten Tage wird der Ausfluss immer heller, bis kaum noch rote Blutkörperchen zu sehen sind. Es geht auf den Eisprung (Ovulation), also auf den optimalen Deckmoment zu. Die stark angeschwollene Vulva wird weicher. Die Hündin legt ihre Rute eng zur Seite um, sobald Sie sie ein wenig unter der Schwanzwurzel kraulen. Ein gutes Zeichen! Je näher die Hündin dem Eisprung kommt, uriniert sie viel öfter als normal. Unsere Becky pinkelte auf den Spaziergängen alle paar Meter wenige Tröpfchen. An Laternenpfählen und Baumstämmen zeigte sie uns, dass sie auch im Handstand daran urinieren konnte, was wirklich lustig aussah. Sie wollte unbedingt weiträumig ihren Geruch verteilen und alle Rüden darauf hinweisen, dass der interessante Zeitpunkt naht.

Um keine weiten Wege zum Rüden umsonst zu machen, können Sie dreimal beim Tierarzt Progesterontests machen lassen. Sprechen Sie mit Ihrem Tierarzt genau ab, zu welchen Zeitpunkten das Sinn ergibt. Mit diesen Blutentnahmen wird der Progesteronanstieg bestimmt und der Arzt kann Ihnen ziemlich genau die Decktage nennen. Zweimal sollte eine Hündin gedeckt werden mit einem Tag Pause dazwischen. Sprechen Sie mit dem Rüdenbesitzer den Zeitraum rechtzeitig ab, in dem Sie mit Ihrer Hündin zu ihm kommen.

Wie läuft die Hundehochzeit genau ab? Hündin und Rüde begegnen sich ohne Leinen, laufen miteinander, beschnuppern sich mit Genuss und der Rüde leckt an den Ohren, der Schnauze und der Vulva der Hündin. Es kommt auch manchmal zum spielerischen Knurren und Abbeißen. Nehmen Sie davon keine Notiz. Es passiert nichts. Nach diesem Vorspiel bleibt die Hündin stehen, legt ihre Rute hoch und eng zur Seite und streckt dem Verehrer ihr Hinterteil entgegen. Der Rüde springt auf, umklammert sie und schiebt seinen Penis in die dargebotene Scheide. Nach ein paar kräftigen Stoßbewegungen kommt es zur vollständigen Erektion. Er setzt bei diesem Vorgang ausschließlich Vorsekret ab. Erst die maximale Erektion führt dazu, dass der Penis komplett in der Scheide festgehalten wird. Für Hündinnen, die zum ersten Mal gedeckt werden, kann diese starke Ausdehnung des Schwellkörpers etwas unangenehm sein. Sie sollten Ihre Hündin kraulen und beruhigend mit ihr reden, damit sie sich nicht losreißt. Das zweite Ejakulat findet den Weg in die Hündin.

Nun setzt der Rüde seine Vorderläufe seitlich ab, hebt sein Hinterbein über den Rücken der Hündin und steigt ganz ab. Die beiden Hunde stehen nun dicht Po an Po. Das Hängen beginnt und kann 10–50 Minuten dauern. Während des Hängens erfolgt die dritte, recht voluminöse Ejakulation, die das zweite Ejakulat weit in die Hündin einschwemmt.

Durch den besonderen anatomischen Aufbau der Hündin müssen die Spermien weite Wege zurücklegen, wobei das umfangreiche dritte Ejakulat hilft. Zu diesem Zeitpunkt werden Sie wellenartige Bewegungen sehen, die über den Körper der Hündin laufen. Dr. Dieter Fleig („Die Technik der Hundezucht“) schreibt dazu: „Man hat den Eindruck, als melke die Hündin den Rüden durch ihren Scheidenmuskel richtig aus.“

Am Anfang des Hängens kann es passieren, dass die Hündin versucht, sich hinzulegen. Hier müssen Sie rechtzeitig eingreifen, damit sie stehen bleibt und der Rüde nicht gezerrt wird. Ist dieser Paarungsvorgang zu Ende, schwillt der Penis ab und der Rüde kann sich von der Hündin lösen. In diesem Moment werden Sie sehen, dass eine Flüssigkeit aus der Scheide tropft. Keine Sorge – es handelt sich nur um etwas von dem dritten Ejakulat, das kaum Samen enthält.

Direkt nach der Paarung sollte Ihre Hündin keinen Urin absetzen, sonst würde ein Teil der Samen wieder ausgespült. Bringen Sie sie schnell zu einem Ruheplatz, damit das nicht passiert. Lassen Sie Ihre Hündin möglichst zwei Stunden schlafen. Sie braucht nun viel Ruhe. In dieser Zeit können die Spermien ihre Wanderung zu den Eileitern aufnehmen.

Der Schwellkörper des Rüden ist unmittelbar nach der Paarung noch recht groß. Durch langsames Rückwärtsgehen und Belecken seines Gliedes versucht er, das Einschachten zu erleichtern. Ist das gelungen, braucht auch er eine Ruhepause.

Beim „Hängen“ dürfen Rüde und Hündin nicht getrennt werden, um böse Verletzungen zu vermeiden. (Foto: Bärbel Kronz)

(Foto: JoReason/Shutterstock)

SCHWANGERE ZEITEN

Eine Hündin hat keine Gebärmutter, sondern zwei nebeneinanderliegende Gebärmutterhörner, in denen die Föten liegen und heranwachsen. Die Tragezeit liegt normalerweise zwischen 60 und 64 Tagen. Etwa um den 18. Tag nisten sich die befruchteten Eier in der Gebärmutterschleimhaut ein (Nidation) und die Hündin zeigt ein größeres Schlafbedürfnis. Schauen Sie am 22./23. Tag nach, ob Sie ein wenig zähflüssigen, glasigen Scheidenausfluss feststellen. Das ist ein sicheres Zeichen für die Trächtigkeit. Alarm ist angesagt, falls der Ausfluss übel riecht und eine weißgelbe Färbung aufweist. Verlieren Sie in dem Fall keine Zeit. Suchen Sie umgehend den Tierarzt auf.

Lassen Sie Ihre Hündin zwischen dem 7. und 10. Tag der Trächtigkeit gegen Herpes impfen. Warum das ungemein wichtig ist, lesen Sie später in dem Kapitel über Welpenerkrankungen.

ULTRASCHALL

Zwischen dem 32. und 35. Tag lassen Sie einen ersten Ultraschall durchführen. Vorher ist kaum etwas zu erkennen. Der Tierarzt wird Ihre Hündin rund um die Zitzen rasieren, Gel auf die haarlose Haut auftragen und mit dem Ultraschallkopf darüberfahren. Es ist sehr schön zu erkennen, um wie viele Welpen es sich handelt, und zu sehen, wie die kleinen Herzen schlagen. Manchmal „versteckt" sich ein Fötus auf dem Bild und statt der erblickten fünf Welpen kommen sechs auf die Welt. Freuen Sie sich darauf. Für diese Untersuchung ist keine Narkose erforderlich und sie ist wesentlich gesünder als das Röntgen. Eine selbstsichere Hündin nimmt es gelassen hin. Kraulen Sie sie ein bisschen, damit sie ruhig steht oder liegt. Es ist von Tierarzt zu Tierarzt unterschiedlich. Der eine schallt lieber bei einer liegenden Hündin, der andere bevorzugt eine Hündin im Stand. Besprechen Sie mit dem Arzt, ob er am 56./58. Tag eine Ultraschalluntersuchung durchführt, damit Sie die genaue Welpenzahl erfahren.

In beiden Gebärmutterhörnern sollten Früchte zu sehen sein. Wachsen nur in einem Horn welche heran, kann es zu Wehenstörungen kommen. Die Ultraschalluntersuchung ist auch wichtig, um eine Einfrüchtigkeit auszuschließen. Trägt die Hündin nur einen einzigen Welpen, wird er höchstwahrscheinlich zu groß werden und Sie müssen mit einem Kaiserschnitt rechnen. Aber das wird der Tierarzt mit Ihnen genau besprechen und sicher zum besagten Zeitpunkt für Sie erreichbar sein.

Betütteln Sie bitte Ihre Hündin nicht zu sehr. Schwangerschaft ist auch bei Hündinnen keine Krankheit. Sie braucht in den ersten vier Wochen weiterhin reichlich Bewegung und Spaziergänge und auf keinen Fall mehr Futter. Die Knirpse sind zurzeit noch bestens versorgt.
Gern betteln Hündinnen in dieser Zeit und sind der Meinung, die Gerichte müssten

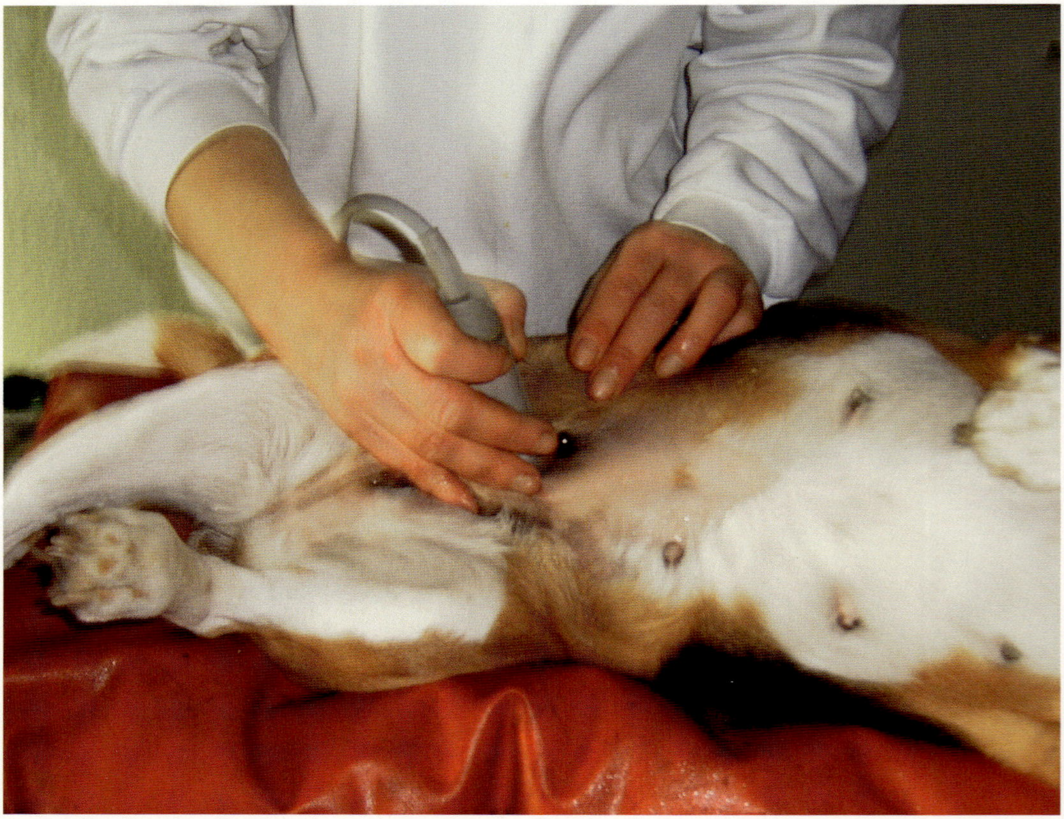

Eine Ultraschalluntersuchung ist für die Hündin wesentlich weniger belastend als Röntgen. (Foto: Bärbel Kronz)

reichlich und vor allem mit besonderen Leckereien versehen sein.

KEIN EXTRAFUTTER FÜR DIE HÜNDIN

Auch wenn es Ihnen schwerfällt, lassen Sie sich nicht darauf ein. Wird sie zu dick, kann es zu erheblichen Schwierigkeiten bei der Geburt kommen. Es kann passieren, dass die Hündin während der Nidation schlechter frisst. Auch das ist normal und nie ein Grund, ihr nun gebratene Steaks oder fette Süppchen zu servieren. Allerdings können Sie für Abwechslung beim Futter sorgen. Das regt den Appetit bei Hunden genauso an wie bei uns Menschen. Unsere trächtigen Hündinnen liebten es, mal Hüttenkäse mit Honig, mal frisches Tartar mit Getreideflocken, Kochfisch, geraspelte Möhren mit einem Tropfen Öl oder gekochte Hühnerherzen zu bekommen. Diese leckeren Sachen gab es aber nicht zusätzlich zum Trockenfutter, sondern stattdessen.

Ich kann hier keine Futtermengen angeben, weil sie bei den vielen Hunderassen sehr unterschiedlich sind. Ändern Sie einfach nichts an der bisherigen Futtermenge. Von einigen Züchtern hörte ich, dass sie Welpenfutter ins normale Trockenfutter mischten. Das ist ebenfalls vorerst nicht nötig. Kalzium muss ebenfalls nicht zugefüttert werden. Der Körper der Hündin ist sehr wohl in der Lage, alles selbst für die Welpen zu produzieren, ohne sich zu schaden, vorausgesetzt, sie bekommt ein vollwertiges Futter. Eine Energie- und Nährstoffüberversorgung kann in dieser Zeit genauso viel Schaden anrichten wie ein Defizit. Beides kann die Entwicklung der Embryonen negativ beeinflussen. Einzig bei brachyzephale Hunderassen wie Mops, Boxer oder Französicher Bulldogge macht es Sinn, gezielt Folsäure zuzufüttern. Es hat sich gezeigt, dass dadurch die Häufigkeiten von Gaumenspalten bei den Welpen reduziert werden kann, zu denen diese Rassen sonst leider neigen.

WICHTIG: BEWEGUNG FÜR DIE HÜNDIN

Erst in der zweiten Hälfte der Trächtigkeit, also ab dem 31. Tag, braucht die Hündin nach und nach mehr Futter, besonders bei großen Würfen. Die Welpen legen nun erst kräftig an Gewicht zu. Kleine Hunde von 2–5 Kilogramm Gewicht brauchen nun etwa ein Drittel ihrer Futtermenge mehr, mittelgroße fast die Hälfte und große (circa 40 Kilogramm) zwei Drittel mehr. Schauen Sie sich jede Woche Ihre Hündin an. Je nach Figur entscheiden Sie selbst, ob Sie noch mehr oder weniger füttern müssen. Wurde eine Einfrüchtigkeit diagnostiziert, erhöhen Sie die Futtermenge nur ganz wenig. Vier Tage vor der Geburt sollten Sie die Futtermenge leicht reduzieren. Meistens wollen die Hündinnen dann von sich aus weniger fressen. Die Fütterungszeiten bleiben auch bis zum 40. Tag gleich. Ab der sechsten Woche ist es wegen der Zusatzmenge angebracht, drei bis vier Mahlzeiten zu geben. Hierbei empfiehlt es sich besonders, für Abwechslung zu sorgen.

Ihre Hündin rundet sich nun zusehends und schaut Sie tadelnd an, wenn Sie zum Spaziergang auffordern. Trotzdem ist Bewegung für Herz, Lunge und Muskeln wichtig bis zur letzten Woche. Die Hündin muss bei der Geburt fit sein. Natürlich sollen es ruhige, kürzere Spaziergänge sein. Extreme Belastung kann die werdende Mutter jetzt nicht mehr gebrauchen. Nach den Spaziergängen reinigen Sie mit warmem Wasser das Gesäuge, ohne Druck auf den Bauch auszuüben. Je nach Umfang kommt sie mit ihrer Zunge nicht mehr in jeden Winkel und wird Ihre Hilfe gern annehmen.

BAUEN DER WURFKISTE

Ab dem 56. Tag messen Sie täglich morgens, mittags und abends die Körpertemperatur. Dafür fetten Sie die Spitze des Thermometers dünn mit Vaseline ein, heben mit einer Hand die Rute hoch und halten sie an der Schwanzwurzel fest.

Mit der anderen Hand führen Sie das Thermometer leicht drehend in den Enddarm ein. Es muss mehr als nur die silberne Spitze hineingeschoben werden, weil sonst der Messwert nicht stimmt. Die Normaltemperatur liegt bei Hunden zwischen 37,5 und 38,8 Grad Celsius. Vor der Geburt fällt die Temperatur ab bis auf etwa 36,5 Grad oder sogar weniger. Etwa 12–24 Stunden vor der Geburt beginnt sie wieder anzusteigen.

Sind Sie mit handwerklichen Fähigkeiten gesegnet? Zwei Wurfkisten müssen gezimmert werden. Nein, ich habe mich nicht verschrieben. Zwei sollten bei der Geburt nebeneinanderstehen, damit Sie während des Wurfs immer eine in Ruhe reinigen und neu ausstatten können. So liegen die geborenen Welpen und die Mutter nicht im Nassen und können in die saubere Kiste wechseln. Dazu später mehr. Die Größe der Kisten richtet sich nach den Körpermaßen der Hündin. Sie soll bequem ausgestreckt darin liegen können. Das reicht aus. Ist die Kiste zu groß, kann sie ihre Welpen nicht nah genug bei sich halten. Die Wände müssen hoch genug sein, damit sich die Hün-

Diese Kleinen fühlen sich in ihrer optimalen Wurfkiste besonders wohl. (Foto: Bärbel Kronz)

din während der Wehen mit Hinterbeinen und Rücken abstützen kann.

Bohren Sie Löcher in die Wände in Bodennähe. Daraus ergibt sich die Möglichkeit, Vetbeds festzubinden. Die schon geborenen Welpen können auf diese Weise nicht verbuddelt werden. Die Hündin wird während der nächsten Wehen unruhig hin und her rutschen und auch mit den Pfoten an dem Polyesterfell graben. Diese dicken Felle, wie zum Beispiel Drybed Vetbed, bieten der Hündin zusätzlich Halt und nehmen Flüssigkeiten gut auf. Je nach Wurfgröße werden Sie einige dieser Vetbeds für den ständigen Wechsel brauchen. In diese Felle schnitt ich seitlich Löcher und band Schnürsenkel hinein, mit denen ich das Vetbed an der Wurfkiste befestigen konnte. Um die Flüssigkeiten aufzunehmen, legen Sie unter die Polyesterfelle Patientenunterlagen (Inkontinenzunterlagen) aus dem Sanitätshaus.

WELPENMILCH AUS DEM FACHHANDEL

Für den Einstieg der rundbäuchigen Hündin schneiden Sie vorn einen u-förmigen Eingang aus, der aber noch hoch genug ist, um die Welpen am Herauskrabbeln zu hindern. Unsere Wurfkisten bestanden aus leicht zu reinigenden beschichteten Spanplatten. Die oberen rissigen Ränder versehen Sie am besten mit glatten, gekanteten Metallleisten.

Besorgen Sie vor der Geburt industriell hergestellte Welpenmilch im Fachhandel. Halten Sie sich dabei genau an die Anweisung auf der Packung. Im Preis sind diese Präparate sehr unterschiedlich. Ich rate Ihnen, hierbei nicht zu sparen. Die teureren Produkte lassen sich einfacher rühren und klumpen nicht. Kuhmilch entspricht nicht dem Bedarf von Mutter und Welpen. Hundemilch weist einen doppelt so hohen Kaloriengehalt auf wie Kuhmilch und ist laktationsfördernd (Laktation: Fachausdruck für die Milchabgabe). Bei großen Würfen ist eine Zusatzflaschenfütterung unbedingt notwendig. Acht bis zehn Zitzen bedeuten nicht, dass eine Hündin aus eigener Kraft zehn Welpen in den ersten drei Wochen allein ernähren kann. Sechs oder sieben schafft sie, aber bei einer höheren Anzahl ist Ihre Mitarbeit gefragt. Entlasten Sie Ihre Hündin, damit sie nicht ausgemergelt wird.

BALD GEHT'S LOS

In der letzten Woche vor der Geburt wurden unsere Hündinnen sehr unruhig, wollten oft in den Garten oder liefen einfach im Wohnzimmer hin und her. Sie waren auch einem Scharrzwang unterworfen und drehten Couchkissen oder ihre Vetbeds auf links.

Der Spaziergang findet in der letzten Woche nur noch 10–15 Minuten nahe am Haus statt. Die Hündinnen wollen sich auf keinen Fall weit entfernen. Oft graben sie sich im Garten eine Wurfmulde unter einem dichten Baum oder der Hecke. In diesem Punkt, wie auch in vielen anderen, sind sie den Fähen (weibliche Wölfe) noch sehr ähnlich. Wurfkisten kommen in der Wolfswelt nun mal nicht zum Einsatz. Ich schlief zu der Zeit im Jogginganzug nah an der Terrassentür, um sie immer wieder hinauszulassen. Es ist nicht gut, Instinkthandlungen zu unterbrechen.

(Foto: NooperV22/Shutterstock)

ENDSPURT GEBURT

Die Temperatur der Hündin steigt wieder an, und Sie wissen nun, dass es bald losgeht. Es wird Zeit, alles bereitzulegen. Beide Wurfkisten sind bestückt, stehen dicht nebeneinander und sind keiner Zugluft ausgesetzt. Kommen Sie bitte nicht auf die Idee, die Hündin wegzusperren, zum Beispiel ins Badezimmer oder in den Keller. Sie sollte in ihrer gewohnten Umgebung inmitten ihres Menschenrudels werfen dürfen, mit Ihrer Nähe und Fürsorge und normaler Umgebungstemperatur. Der Hündin wird es beim Werfen warm genug, da kann sie kein überheiztes Zimmer gebrauchen.

Und bringen Sie keine Unruhe durch Besuch ins Spiel! Die Hündin braucht nun Ihre Nähe und Ruhe. Hündinnen, die ein sehr enges Verhältnis zu Herrchen oder/und Frauchen haben, verzögern gern die Geburt, wenn ihre Menschen nicht bei ihnen sind.

Die meisten Hundegeburten gehen problemlos über die Bühne. Die Instinkte aus dem Wolfserbe funktionieren in aller Regel gut.

DIESE DINGE MÜSSEN SIE IN DER NÄHE HABEN:

- Ein Stapel Vetbeds (Die Anzahl richtet sich nach der Wurfgröße. Gut ist es, nach jeweils zwei geborenen Welpen ein sauberes einzuziehen.)
- Patienten-/Inkontinenzunterlagen, um Blut, Darmpech, Fruchtwasser, Welpenurin aufzunehmen
- Eine Waage, um die geworfenen Welpen zu wiegen
- Ein großer Mülleimer für durchnässte Patientenunterlagen
- Eimer, Schwamm, Putztücher, Küchenrolle
- Desinfektionsspray
- Welpenmilchpulver (falls die Welpenzahl größer ist und die Mutter nicht sofort genug Milch produzieren kann)
- Zwei Frottee-Gästehandtücher
- Ein kleines weiches Flanelltuch
- Eine saubere Schere
- Block und Stift für die Aufzeichnungen von Gewicht, Farbe, Abzeichen, Geschlecht

12 bis 24 Stunden vor der Geburt beginnt die „Renneritis", wie wir Züchter sagen. Die Hündin will ständig nach draußen, um sich zu lösen, legt sich wieder hin, schläft eine halbe Stunde und ist dann wieder unterwegs. Sie frisst in dieser Zeit auch nichts mehr. Stellen Sie sich auf eine schlaflose Nacht ein. Falls Sie keinen Garten haben, wird diese Zeit anstrengend. Überhaupt halte ich persönlich die Aufzucht von Welpen in einer Wohnung ohne Garten für sehr, sehr schwierig.

Sie werden beobachten, dass die Hündin sich öfter reckt und streckt, mit den Vorderbeinen weit nach vorn, den Kopf fast am Boden, mit dem Hinterteil nach oben. Dabei stöhnt sie leise und schluckt schwer. Die Senkwehen sind da und die Lenden fallen etwas ein. In größeren Abständen setzen regelmäßig bald die Wehen ein. Eine dunkle grüne Flüssigkeit tritt aus. Keine Sorge! Das ist normal. Diese Flüssigkeit ist geronnenes Blut, das von der Plazenta abgeht. Während der Trächtigkeit entartet die rote Farbe zu Grün.

Die Hündin wird während der Wehen ohne Pause heftig hecheln, ihren Kopf wie ein Seehund weit nach oben strecken, die Ellenbogen seitlich stark andrücken und ab und zu scharren. Dann legt sie sich wieder hin, rutscht seitlich auf dem Vetbed und steht wieder auf. Diese Unruhe ist auch normal. Die Bewegungen erleichtern das Vorschieben der Welpen. Der Gebärmutterhals beginnt sich zu öffnen.

Die in den Fruchtblasen liegenden Welpen werden langsam Richtung „Ausgang" geschoben. Die Natur hat es so eingerichtet, dass abwechselnd aus den zwei Gebärmutterhörnern ein Welpe ans Tageslicht kommt. Diese Eröffnungswehen, die einige Stunden dauern können, sorgen dafür, dass die Welpen in die richtige Position für die Geburt gebracht werden.

Um über eine Schwelle in die Scheide zu gelangen, setzen die Presswehen ein. Dazu ist viel Kraft und Energie notwendig. Reichen Sie zwischendurch der Hündin frisches Wasser mit etwas Traubenzucker zur Unterstützung. Für Sie sind die Presswehen erkennbar. Wellen ziehen durch den Unterleib der Hündin. Es erfordert einige Presswehen, um den Durchgang durch das knöcherne Becken zu überwinden.

Sollten die Presswehen bereits 50 Minuten andauern und es wird kein Welpe geboren, müssen Sie den Tierarzt zu Hilfe rufen. Es könnte sein, dass das Becken zu eng ist und der Welpe stecken bleibt. Laut Dr. Dieter Fleig („Die Technik der Hundezucht") treten diese Schwierigkeiten in erhöhtem Umfang bei kleineren Hunderassen auf. Lassen Sie sich rechtzeitig eine Telefonnummer vom Tierarzt geben, unter der er auch nachts und an Sonn- und Feiertagen für Sie zu erreichen ist.

Aber gehen wir einmal von der normalen Geburt aus. Auch während der Wehen kann es sein, dass die Hündin zwischendurch hinauswill, um ein paar Tropfen Urin abzusetzen. Bleiben Sie dicht hinter ihr. Nehmen Sie bei Dunkelheit auf jeden Fall eine Taschenlampe mit. Ich habe bei zwei Hündinnen erlebt, dass plötzlich ein Welpe im Gras landete. Die Hündinnen erledigten zwar auch hier ihre mütterliche Arbeit perfekt, dennoch muss natürlich vermieden werden, dass so ein Winzling verloren geht, falls die Mutter sich nicht kümmert.

(Fotos: Bärbel Kronz)

Starkes Hecheln kurz vor der Geburt.

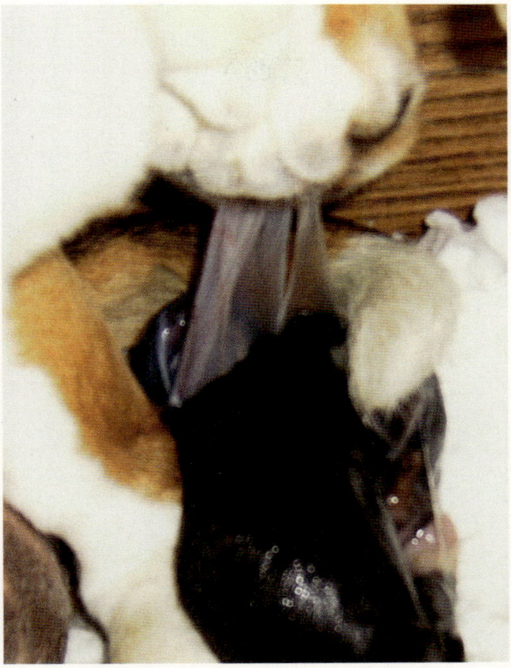

Der erste Welpe samt Fruchtblase.

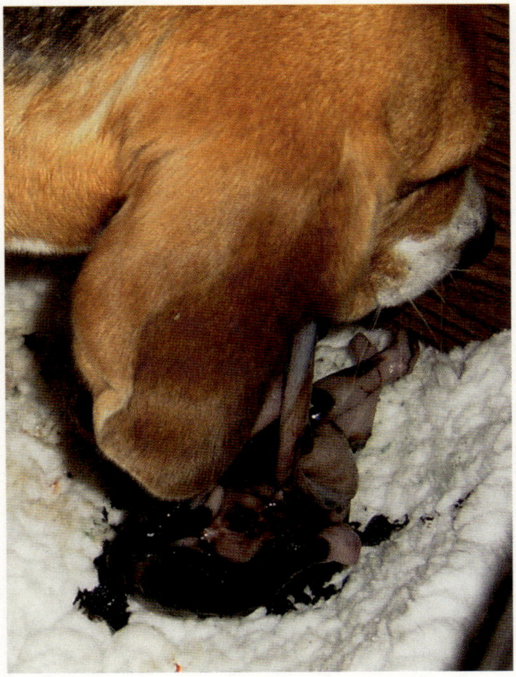

Abnabeln.

„Auspacken" und Säubern der Welpen.

Der erste Welpe hat es am schwersten. Er weitet mit seinem kleinen Körper den Geburtskanal für die nachfolgenden Geschwister. Dabei platzt meistens seine Fruchtblase und die grüne Flüssigkeit tritt aus der Scheide aus. Die Muskulatur wird dadurch weicher und gleitfähiger. Ist der Welpe schon weit vorn, kommt aber nach einer Viertelstunde dennoch nicht heraus, müssen Sie helfen. Waschen Sie gründlich Ihre Hände und desinfizieren Sie sie. Greifen Sie mit lang gestreckten Fingern den Welpen seitlich am Hals oder am Becken, je nachdem, in welcher Lage er sich befindet. Bei der nächsten Presswehe ziehen Sie den Welpen leicht drehend heraus. Niemals ohne Presswehe ziehen! Meistens kommt gleichzeitig die Nachgeburt mit. Legen Sie den Kleinen vor die Hündin. Sie wird ihn lecken und abnabeln. Mit den Backenzähnen quetscht sie die Nabelschnur ab und frisst den Rest Nabelschnur samt der Nachgeburt auf. Hindern Sie sie nicht daran, auch wenn es ziemlich unappetitlich aussieht. Sie nimmt damit Vitamine und Nährstoffe auf, die die Wehen und ihre Milchproduktion fördern. Das kleine Wesen wird von ihr heftig geleckt, damit die Atmung einsetzt und Näschen und Mäulchen vom Schleim befreit werden. Dann hören Sie den ersten Piepser. Nun krabbelt der Welpe mit pendelnden Kopfbewegungen in Richtung Zitze, dockt an und nimmt die erste wichtige Mahlzeit, die Kolostralmilch, zu sich. Sie enthält Proteine, Enzyme, Vitamine, Mineralien, Wachstumsfaktoren, Aminosäuren und von der Mutter gebildete Antikörper. Damit wird der Welpe gestärkt und seine Immunabwehr unterstützt. Der Anteil der lebenswichtigen Antikörper fällt nach der Geburt stündlich weiter ab. Die Darmschleimhaut des Welpen kann sie auch nur am ersten Lebenstag aufnehmen. Wird gekaufte Welpenmilch vor der ersten Muttermilch aufgenommen, bleiben die wichtigen Antikörper ohne Wirkung.

Beim Saugen tritt der Welpe mit seinen Vorderläufen gegen die Zitze. Das ist der sogenannte Milchtritt. Noch während der Kleine trinkt, massiert Mutters Zunge sein Bäuchlein, damit aus seinem After das Darmpech (auch Kindspech) austritt. Es stammt noch aus der Ernährung über die Plazenta. Die Massage sorgt auch für die Entleerung der Blase. In den ersten Tagen kann sich ein Welpe noch nicht selbstständig lösen. Das funktioniert ausschließlich mit Mutters Zunge. Die Hündin frisst den Kot der Welpen und leckt auch deren Urin weitestgehend auf; jedenfalls in der Zeit, in der die Kleinen noch nichts zugefüttert bekommen.

Schon bald setzen die Presswehen wieder ein und ein dunkles Bläschen tritt aus. Die Hündin öffnet mit den Schneidezähnen die Fruchtblase, nabelt ab und leckt den Kleinen wieder, um den Kreislauf in Schwung zu bringen.

Achten Sie unbedingt darauf, dass sämtliche Nachgeburten austreten. Bleibt eine in der Hündin, muss der Tierarzt nach dem gefallenen Wurf helfen, denn sie würde in der Hündin innerhalb der nächsten Stunden verwesen. Achten Sie außerdem darauf, besonders bei einer großen, schweren Hündin, dass den geworfenen Welpen nichts passiert. Durch ihr Herumrutschen und Abstemmen am Kistenrand während der nächsten Presswehen könnte es passieren, dass sie sich auf einen Kleinen legt.

Nach zwei geborenen Welpen sah das Vetbed in unserer Wurfkiste nass und unsauber aus und ich legte die Welpen in die zweite, saubere Kiste, wohin die Mutter sofort folgte. Ich konnte die erste reinigen und neu bestücken.

Vergessen Sie nicht, die Aufzeichnungen zu machen: Gewicht, Geschlecht und Unterscheidungsmerkmale jedes Welpen werden eingetragen.

Die Geburtsintervalle sind verschieden. Der zweite Welpe folgt meistens rasch. Bis zu den nächsten Welpen können 20–30 Minuten vergehen. Ab dem sechsten oder siebten Welpen ermüdet die Hündin und die Presswehen können sich zu Intervallen von über einer Stunde ausdehnen. Also – nicht nervös werden.

Ob ein Welpe mit dem Kopf zuerst erscheint oder mit dem Po ist gleichgültig. Steißgeburten sind bei Hunden normal. Hier dürfen wir nicht den Vergleich mit menschlichen Geburten anstellen.

Sollten Welpen mit Untertemperatur (unter 34,4 Grad Celsius) auf die Welt kommen, sortiert im Regelfall die Mutter diese Welpen aus. Sie akzeptiert solche Welpen nicht als ihren eigenen Nachwuchs und würde ihnen keine Überlebenschance lassen. Nein, sie ist keine schlechte Mutter, sondern verhält sich vollkommen natürlich.

Welpen haben in den ersten Lebenswochen eine niedrigere Körpertemperatur als erwachsene Tiere. Ein Welpe im Alter von zwei Tagen hat also mit 36,5 Grad Celsius keine Untertemperatur, aber mit 38,8 Grad bereits Fieber.

IHRE HILFE WIRD GEBRAUCHT

Was ist zu tun, wenn die Hündin von Instinktverlust betroffen ist und weder abnabelt noch den Welpen leckt? Ihre sofortige Hilfe ist gefragt. Sie öffnen die Fruchtblase unter der Kehle des Welpen und halten ihn mit dem Kopf nach unten, damit das Fruchtwasser an ihm vorbei abfließen kann. Nun ziehen Sie die Häute der Blase nach oben hin weg. Mit den Fingernägeln von Daumen und Zeigefinger quetschen Sie fest die Nabelschnur zusammen, etwa 2 Zentimeter vom Bauch entfernt. Mit der Schere schneiden Sie dahinter Richtung Nachgeburt die Nabelschnur ab. Der Rest der Nabelschnur am Bäuchlein wird in den nächsten 24–36 Stunden trocknen und abfallen. Bitte niemals mit der Schere die Nabelschnur durchtrennen, bevor Sie sie mit den Fingern abgequetscht haben. Ein hoher Blutverlust wäre die Folge. Quetschen Sie sie genau so ab, wie die Hündin es mit ihren Backenzähnen tun würde.

Halten Sie den Welpen noch einmal vor Mutters Nase. Vielleicht setzen dann die Instinkte ein und sie beginnt mit der Zungenmassage. Wenn nicht, rubbeln sie den Welpen mit den Gästehandtüchern und hoffen auf den ersehnten ersten Piepser. Falls sich aber noch Schleim in Näschen und Mäulchen befindet, umschließen Sie mit ihrem Mund beides, saugen ihn vorsichtig heraus und spucken aus. Es muss sein, damit die Atmung einsetzen kann. Mit dem angefeuchteten Flanelltuch oder mit eingeöltem Finger massieren Sie den After und das Bäuchlein, damit Darmpech und Urin austreten. Eine Verstopfung kann den Kleinen das Leben kosten.

Neugeborene Welpen wollen nur trinken ... (Foto: MiaHao/Shutterstock)

Legen Sie nun den Welpen an eine Zitze, damit er seine erste Mahlzeit zu sich nehmen kann.

Alle Welpen sind gesund auf der Welt und nur von zwei Trieben beherrscht: Trinken und Schlafen. Die Mutter kümmert sich mit ihrer Zunge gut um sie, und Sie sorgen ständig für eine saubere Wurfkiste, in der die kleine Familie die nächsten 20 Tage leben kann.

Wiegen Sie die Welpen und tragen Sie das Geburtsgewicht in die vorbereitete Tabelle ein. Ich kann Ihnen keine Gewichte anbieten, weil das Gewicht eines Yorkshirewelpen sehr viel niedriger ist als das eines Neufundländerwelpen. Wichtig ist nur, darauf zu achten, dass bei Ihren Welpen keine allzu krassen Unterschiede auftreten. Bei unseren Beagles lagen die Geburtsgewichte zwischen 280 und 330 Gramm. Bei einem Wurf kam eine Hündin mit 180 Gramm zur Welt. Sie war zu schwach, um zu saugen. Ich bettete sie auf eine Wärmflasche, die ich mit einem weichen Tuch umhüllt hatte, und fuhr in die Tierklinik. Der Tierarzt sah sofort, dass keine Hautelastizität da war, und riet zum Einschläfern. Dieser Kümmerling würde immer ein krankes Tier bleiben und nur durch Medikamente überleben, wenn überhaupt. Der kleine Körper war allein nicht in der Lage, Nahrung zu verwerten. Schweren Herzens musste ich dem Arzt zustimmen.

Nachdem Ihre Hündin öfter etwas getrunken und die Nachgeburten verzehrt hat, müssen Sie sie überreden, sich auf der Wiese zu lösen. Die Welpenbindung ist extrem, aber es muss sein. Die Nachgeburten wirken abführend. Wir lockten mit einem kleinen gekochten Hühnerherzen. Falls sie schon Kot ab-setzt, ist dieser meist sehr dünn. Zuerst gab ich der Mutter als stärkende Mahlzeit ungewürzte Rinderbrühe, die ich in den Tagen vorher aus Rinderknochen, Gemüse und Beinscheiben gekocht und in Portionen eingefroren hatte. Erst nachdem sie Kot abgesetzt hatte, bekam sie gebratenes Rindergulasch mit etwas Brühe. Das gebratene Fleisch ließ den Kot schnell wieder fester werden und es wurde mit gutem Appetit genommen.

Bringen Sie über der Wurfkiste kein Rotlicht an. Diese Wärmequelle führt dazu, dass die Welpen nicht eng aneinanderliegen. Das wichtige Kontaktliegen der Kleinen fällt aus. Außerdem beginnt die Mutter zu hecheln und fühlt sich unter der Lampe unwohl. Mutter und Welpen geben sich gegenseitig genug Wärme.

Lassen Sie nun die Mutter ein, zwei Stunden ausruhen, bevor Sie sie mit warmem Wasser abwaschen. Das Fell an den Hinterläufen und der Rute klebt von all den Geburtsflüssigkeiten, aber erst mal ist Ruhe wichtiger. Wie Hündinnen rund um die Uhr ihren Job als Mutter bewältigen, ist eine bewundernswerte Leistung. Liegt ein Welpe abseits in der Kiste, schreit er plötzlich los, fühlt sich verlassen. Die Hündin wird ihn mit dem Fang aufnehmen und zu sich und den Geschwistern legen. Deshalb darf die Wurf-

... und schlafen. (Foto: MiaHao/Shutterstock)

kiste auch nicht zu groß sein. Ihre Wurfmulden draußen legen Hundemütter noch viel enger an. Legt sich ein Welpe hinter den Rücken der Mutter und wird zu sehr gedrückt, quengelt er lauthals los. Bei Schmerzlauten ist die Mutter sofort hellwach und kümmert sich um den Gebeutelten.
Verlässt die Mutter die Wurfkiste, um sich auf der Wiese zu lösen, suchen die Welpen fiepend nach ihr und sie wird möglichst schnell zurückkehren. Wird ein Welpe wach, krabbelt er zur Zitze und wird wieder geleckt, um das Koten zu fördern.

WOCHENFLUSS

Besonders nach dem Lösen auf der Wiese kommt dunkler zäher Schleim aus der Scheide. Halten Sie leicht feuchtes Küchenpapier bereit, um die Hündin abzuwischen, bevor sie mit diesem Wochenfluss das Vetbed völlig verschmutzt. Die meisten Hündinnen schaffen es nicht, sich ganz sauber zu lecken, und wollen lieber schnell zu ihrem Nachwuchs zurück. Innerhalb zwei Wochen reduziert sich der Wochenfluss und verschwindet in der dritten Woche völlig. Kontrollieren Sie täglich, ob der Fluss sich verringert oder anfängt, übel zu riechen. Ist keine Verringerung festzustellen oder der Geruch ist auffällig, ist eine Untersuchung beim Tierarzt notwendig.
Es muss geklärt werden, ob eine Gebärmutterentzündung im Anmarsch ist. Stellen Sie Zittern, starke Unruhe und Speichelfluss fest, ist auch sofort der Tierarzt aufzusuchen. Es könnte sich um den akuten Zusammenbruch des Stoffwechsels handeln (Eklampsie). Füttern Sie die Wöchnerin auch am nächsten Tag noch mal mit gebratenem Rindergulasch, damit sich der Kot bald wieder normal zeigt. Die Wurfgröße und die Gewichtszunahme der Welpen bestimmen die weiteren Mengen an Futter. Ich beschreibe Ihnen nun die Fütterung unserer Hündin als Beispiel. Sie bekam bei ihrem Wurf mit sechs kräftig saugenden Welpen vom zweiten bis vierten Tag vier Mahlzeiten, ab dem fünften Tag fünf und ab dem zehnten Tag sechs. Nach Brühe und Gulasch erhielt sie normales Trockenfutter mit Fleisch oder Kochfisch, mit Hüttenkäse oder gekochtem Gemüse, mal ein gekochtes Ei dazu, mal Salzkartoffeln, Reis oder Nudeln. 200 Milliliter Welpenmilch mit Imkerhonig und eingerührten Haferflocken schleckte sie um 23 Uhr als

Wenn die Welpen so satt und zufrieden beieinanderliegen, darf die Hündin einen kurzen Ausflug machen. (Foto: SubAtomicScope/Shutterstock)

letzte Mahlzeit, um nachts die Welpen gut sättigen zu können.

Bieten Sie ihr oft frisches Wasser an. Durch die viele Milchabgabe steigt ihr Bedarf beträchtlich. Um 6 Uhr morgens freute sie sich über 80 Gramm Trockenfutter mit selbst gekochter Hühner- oder Rinderbrühe. Bei sechs Mahlzeiten begann sie bereits um 5 Uhr mit dem Frühstück. Bei dieser Fütterung blieb ihr Fell glatt, wurde nie hart und strohig. Ihr Körper wirkte weder ausgemergelt noch zu dick. Ab dem 30. Tag nach dem Wurf fütterte ich sie allmählich runter, weil die Welpen nun gefüttert wurden – darüber später im Welpenkapitel mehr. Nach sechs Wochen schaute sie mich mit sehr anklagenden Blicken an, als sie „nur" noch ihre normale Ration bekam.

PFLEGE DES GESÄUGES

Das Gesäuge fühlen Sie in den ersten acht Tagen mehrmals täglich ab. Ertasten Sie eine härter werdende Zitze, legen Sie dort einen besonders kräftig saugenden Welpen an, ehe eine Entzündung eintritt. Ist sie leer getrunken, ist die Gefahr gebannt. Lassen Welpen eine sehr kleine Zitze unbeachtet, ist das nicht so schlimm. Der fehlende Saugdruck verhindert weitere Milchproduktion und die Zitze bildet sich zurück. Bei den hinteren dicken Zitzen trifft das nicht zu. Sie müssen leer getrunken werden. Geht es auf das Ende der dritten Lebenswoche zu, braucht das Gesäuge immer mehr Pflege. Waschen Sie es zweimal täglich mit warmem Wasser ab und cremen es mit Melkfett ein. Die hoch beanspruchte Haut darf nicht spröde und rissig werden. Es gibt auch Pflegemittel in der Apotheke, aber dann müssten Sie die Welpen längere Zeit vom Gesäuge fernhalten. Melkfett schadet den Kleinen nicht. Ab dem 18. Tag bricht an den Zitzen Hektik aus. Bis jeder Welpe eine Zitze erobert hat, herrscht rege Betriebsamkeit, die den Eindruck erweckt, es sei eine Hungersnot ausgebrochen. Befindet sich jedes Mäulchen an einer Zitze, kehrt augenblicklich Ruhe ein. Das hält so lange an, bis ein Welpe feststellt, dass seine Quelle versiegt. Dann geht das Spiel von vorn los. Ruck, zuck! wird nun alles leer getrunken und die Mutter wird sich den fordernden Mäulern entziehen.

Die Lager-Welpen-Bindung ist nach vier Tagen noch sehr ausgeprägt. Trotzdem ist für die Hündin nun unbedingt Bewegung wichtig. Warten Sie ab, bis alle Welpen gut getrunken haben und zufrieden dicht beieinanderliegen. Gehen Sie dann mit ihr spazieren. Vielleicht ist die Mutter nach 200 Metern bereits wieder mit ihren Gedanken bei den Welpen und will umkehren. Tun Sie ihr den Gefallen. Es wird täglich besser und ausdauernder. Nach dem Spaziergang waschen Sie mit einem weichen Tuch und warmem Wasser Gesäuge und Pfoten ab, bevor sie wieder zu den Welpen geht.

Ich hörte mir oft von Züchtern an, welche furchtbaren Infektionen auf Hündin und Welpen nach Spaziergängen zukommen können. Doch das erlebte ich bei keinem einzigen Wurf. Ohne aus dem Haus und mal weg von den Welpen zu kommen, machen sich bei der Wöchnerin eher Niedergeschlagenheit und Bewegungsstau bemerkbar. Das läuft allmählich auf einen Welpenkoller mit großer Unzufriedenheit hinaus. Auch für den Kreislauf der Hündin ist Bewegung sehr wichtig. Bereits nach neun Tagen gingen unsere Hündinnen zweimal täglich je eine Stunde spazieren.

Die Hündin fällt aus: Ihr voller Einsatz ist gefragt

90 Prozent aller Hundegeburten laufen problemlos ab. Doch leider gibt es auch unangenehme Ausnahmen.

Angenommen, Ihre Hündin leidet unter absolutem Milchmangel, handelt sich eine ansteckende Krankheit ein oder verstirbt nach dem Werfen: Sie müssen auch für diese Situation gewappnet sein. Also widmen wir uns nun der unschönen Seite der künstlichen Welpenaufzucht. Bei dieser Arbeit rund um die Uhr wird schnell klar, welche unglaub-liche Leistung die Hundemutter vollbringt. Kein Mensch schafft das allein. Zwei weitere Familienmitglieder oder Freunde müssen mit einspringen.

Die bestmögliche Lagertemperatur für die Welpen liegt in den ersten Lebenstagen bei 30–32 Grad Celsius, in den nächsten zwei Wochen bei 27 Grad und danach bei 23 Grad. Hierfür eignen sich am besten Wärmflaschen, ummantelt mit weichem Frottee. Circa alle zwei Stunden muss das Wasser ausgetauscht werden, damit die Welpen immer warm liegen. Rotlicht erfüllt auch hier meiner Meinung nach diesen Zweck nicht, weil dadurch die Luft über den Welpen schnell austrocknet. Denken Sie daran, die Vetbeds samt Unterlagen ständig zu überprüfen und rechtzeitig aus-

Eine Wärmflasche, mit weichem Stoff überzogen, ersetzt die Wärme der Mutter. (Foto: DoraZett/Shutterstock)

zutauschen. Ja, Ihre Waschmaschine befindet sich im Hochbetrieb.

Die industriell hergestellte Welpenmilch eignet sich sehr gut für die Aufzucht. Bei der Zubereitung halten Sie sich bitte haargenau an den Hinweis auf der Packung, und achten Sie darauf, dass die Kleinen immer frisch zubereitete Milch bekommen. Nehmen Sie normale Babyflaschen mit entsprechenden Saugern. Es ist Feingefühl gefragt, welcher Sauger sich mit welchem Loch am besten eignet. Ist das Loch zu groß, kann der Welpe sich verschlucken, ist es zu klein, wird er zu schnell ermüden und bekommt nicht genug Nahrung. Hier hilft nur geduldig ausprobieren. Haben Sie eine Flasche in Betrieb, befindet sich die zweite in einem Babyflaschenwärmer. Die Kleinen haben Hunger und werden den Sauger genau wie Mutters Zitze gern annehmen.

Beim Füttern halten Sie den Welpen wie einen Säugling im Arm beziehungsweise in der Hand, mit dem Bauch nach oben. Bemerken Sie, dass das Saugen stark nachlässt, ist die Sättigung erreicht und Sie ziehen den Sauger aus dem Mäulchen. Mit einem feuchten Finger massieren Sie nun Bäuchlein und After mit kreisenden Bewegungen, damit Kot und Urin den Kleinen verlassen. Vor allem muss das Darmpech aus dem Welpen heraus. Ist der Welpe sauber, kommt der nächste zu seinem Recht. Rechnen Sie etwa 20 Minuten für jeden Welpen für diese Aktionen. Alle zwei Stunden muss gefüttert und massiert werden, Tag und Nacht. Sie merken, das ist allein nicht zu bewerkstelligen. Vielleicht haben Sie das Glück, eine gute, instinktsichere Hündin zu kennen, die Sie sich ausleihen können. Diese Hündin könnte dann die Zungenpflege übernehmen und Sie entlasten. Im Allgemeinen lösen Welpen den Pflegetrieb bei einer instinktsicheren Hündin aus. Ab dem 14./15. Tag können Welpen sich ohne Massage selbst lösen.

Erst ab dem zwölften Lebenstag können Sie nachts eine Pause von vier Stunden einschieben, aber nur nachts! Ab dem 18. Tag dehnen Sie die Fütterung auch am Tag auf vier Stunden Abstand aus. Am besten schaffen Sie das, wenn Sie von diesem Tag an jedem Welpen eine winzige Portion bestes Tartar ins Mäulchen schieben. Dadurch wird die Darmflora gut ausgebildet und Fleisch sättigt für längere Zeit. Wärmen Sie das Tartar zwischen Ihren Fingern an. Kaltes Tartar aus dem Kühlschrank bekommt den Welpen nicht. Als Nachtrunk gibt es dann noch etwas Milch aus der Flasche.

Lesen Sie bei jedem Welpen an der Babyflasche ab, wie viel er zu sich genommen hat. Es könnte sein, dass er nur ein bisschen am Sauger herumgekaut hat und es nur so aussah, als würde er trinken. Auch am Bäuchlein werden Sie erkennen, ob Sie gerade einen Faulenzer oder einen Vielfraß in der Hand haben. Das Bäuchlein sollte gut gefüllt, aber nicht stramm gewölbt sein.

Kontrollieren Sie den Kot. Normal zeigt er sich ein wenig geformt und gelblich. Ist er zu hart, kann es sich um eine bevorstehende Verstopfung handeln. Ein Welpe jammert auch bei Verstopfung. Versuchen Sie, mit einem kleinen Tropfen Speiseöl auf seiner Zunge die Verstopfung zu lösen. Sollte das Öl keine Wirkung zeigen, muss der Tierarzt helfen. Ebenso muss der Tierarzt bei Durchfall gerufen werden, um Austrocknung zu vermeiden.

(Foto: Pushish Images/Shutterstock)

DIE ERSTEN 20 TAGE

Wenden wir uns nun wieder der Mutter und den Kindern zu. Die Raumtemperatur sollte bei diesem gesunden Wurf knapp über 20 Grad Celsius liegen, also lange nicht so hoch wie bei den Waisenwelpen. Bemerken Sie, dass die Kleinen sich eng an die Mutter drücken und nicht ruhig und ausgestreckt liegen, erhöhen Sie leicht die Temperatur.

Am zweiten und dritten Tag schauen Sie sich die Nabel an. Die Reste der Nabelschnur vertrocknen stündlich etwas mehr und fallen bis zum dritten Tag bei allen Welpen ab. Fühlen Sie danach den Nabelring ab, ob er geschlossen und glatt ist oder ob eine leichte Schwellung zu spüren ist. Sollte ein Nabelbruch bestehen, kann er durch eine kleine Operation in der siebten bis zwölften Woche behoben werden.

Ab dem fünften Tag geht es mit einer guten Nagelschere ans Krallenschneiden und von da an wöchentlich. Das muss sein, da sie sonst lang und rund wachsen und die Welpen hindern, auf die Beine zu kommen. Das Gesäuge leidet beim Milchtritt mit kurzen Krallen auch sehr viel weniger. In der ersten Woche ziehen die Welpen ihre Pfoten beim Krallenschneiden noch nicht weg. In der zweiten Woche wehren sie sich etwas, und in der dritten Woche können sie sich wie Schlangen auf Ihrem Schoß hin und her winden, sodass das Schneiden schwieriger wird. Warten Sie dann lieber, bis der Welpe sich satt getrunken hat und müde wird.

HAUPTAUFGABE: WACHSEN

90 Prozent des Tages verschlafen die Welpen und die wache Phase wird nur zum Saugen verwendet. Die gesamte Energie ist auf das Wachsen konzentriert. Von Geburt an können Welpen riechen, schmecken und auf Berührungen reagieren. Diese Sinne allein sind wichtig, um die Zitze zu finden. Zunächst sind die Welpen blind, taub und zahnlos.

Zwischen dem 10. und 13. Tag öffnen sie die Augen und können zwei, drei Tage später sehen. Zuerst sind nur Schlitze zu sehen, aber schon bald blicken Sie in schöne runde Augen, die noch etwas blau schimmern. Um den

17. Tag herum können sie hören. Wenn Sie zu diesem Zeitpunkt über einem Welpen kräftig in die Hände klatschen, stellen Sie an seiner Reaktion fest, ob er schon hören kann.

Etwa um den 12./15. Tag wird die Motorik besser und die Kleinen versuchen, auf die Füße zu kommen. Das Robben wird durch das Laufen ersetzt. Das sollte bis zum 21. Tag problemlos klappen, solange sie nicht auf glattem Boden laufen müssen. Die Vetbeds bieten dabei sehr gute Unterstützung. Es sieht witzig aus, wenn sie nach ein paar gelungenen Schritten auf den runden Po plumpsen.

Am 18./19. Tag brechen die ersten Milchzähne durch. Das sind die Schneidezähne. Weitere Zähne folgen in den nächsten Wochen. Mit den Fangzähnen, etwa siebte Woche, komplettiert sich das Milchgebiss von 28 Zähnen.

Nach 17 Tagen werden Sie täglich mehr Bellversuche vernehmen, was oft sehr lustig klingt. Die Aktivitäten in der Wurfkiste unter den Geschwistern machen große Fortschritte. Stoßen sie mit der Schnauze auf Mutter oder Geschwister, wedeln sie freudig und ziehen begeistert an Rute und Ohren. Alles, was vor die kleine Schnute kommt, wird emsig abgeleckt. Nehmen Sie einen Welpen in die Hand, leckt er sofort an den Fingern und an Ihrer Nase. Die emotionale Verbindung nimmt nun ganz andere Formen an und wird Sie verzaubern.

Nach den ersten zwei Wochen wird die Hündin nicht mehr dauernd in der Wurfkiste verharren, sondern Auszeiten in ihrem Körbchen oder auf der Couch nehmen. Hier ist nun endlich mal ein Stündchen ruhiger Schlaf möglich. Liegt sie in der Wurfkiste, traktieren die Welpen sie nach dem Saugen und der Pflege in einer Tour. Sie krabbeln auf ihr herum, ziehen an ihren Ohren und beißen in Rute und Pfoten. Da sind Pausen für die Hündin notwendig.

Die erste Wurmkur

Vom Tierarzt haben Sie einen Impf- und Entwurmungsplan erhalten. Bei uns stand die erste Wurmkur am 15. Tag an. In den ersten 13 Tagen rate ich nicht zur Wurmkur. In diesem jungen Alter verkraften sie das Mittel noch nicht so gut. Wir nahmen die Banminth-Paste und hatten damit immer gute Erfolge. Halten Sie sich unbedingt an den Beipackzettel mit der empfohlenen Menge.

Nehmen Sie einen Welpen auf den Schoß und streichen ihm mit dem Finger die Paste hinten auf die Zunge oder an den Gaumen. Die Begeisterung wird sich bei ihm in Grenzen halten. Der Kopf wird von links nach rechts gedreht und die Zunge geht rein und raus, um das unappetitliche Zeug loszuwerden. Doch es bleibt erfolglos und die Paste muss wohl oder übel geschluckt werden. Die meisten Welpen tragen bereits bei der Geburt Wurmeier in sich. Als Embryonen nehmen sie diese aus der Plazenta auf. Fast jede Hündin besitzt inaktive Wurmlarven, die sich während der Trächtigkeit über die Embryonen hermachen. Auch später können Welpen über die Zitzen weitere Wurmlarven aufnehmen. Wurmausscheidungen enthalten Gifte, die unseren Hunden sehr schaden. Welpen müssen von Würmern befreit werden, ehe diese beginnen, Eier abzulegen und sich stark zu vermehren, also vor dem 18. Lebenstag.

Außerdem infizieren sie die Mutterhündin, die ja ständig ihren Kot aufnimmt. Unser Tierarzt wies aber darauf hin, dass wir die letzte Wurmkur vor der Abgabe zeitlich von der Impfung trennen sollten. Zu viel Chemie auf einmal sollte den Welpen nicht innerhalb von drei Tagen zugemutet werden. Bitte glauben Sie nicht an das Hirngespinst, die Fütterung mit Knoblauch könne als Entwurmungsmittel herhalten. Solche Märchen halten sich leider noch in vielen Köpfen.

Jeden Tag in den ersten drei Wochen, möglichst um die gleiche Zeit, wird ein Welpe nach dem anderen gewogen und sein Gewicht in die Tabelle eingetragen. Achten Sie darauf, in der Tabelle genau die Kennzeichnung des Welpen einzutragen. Ist die Fellfarbe bei allen einfarbig gleich, können Sie die Kleinen mit bunten Bändchen versehen. Am Tag nach dem Wurf kann es passieren, dass ein Welpe ein paar Gramm weniger auf die Waage bringt. Das ist nicht schlimm. Danach müssen die Gewichte täglich konstant ansteigen. Am Ende der ersten Woche sollte sich das Geburtsgewicht verdoppelt und am Ende der zweiten Woche verdreifacht haben. Zeigt sich bei einem Welpen an

Die Welpen müssen in den ersten drei Wochen jeden Tag gewogen werden. (Foto: DPFotoCZ/Shutterstock)

einem Tag mal keine große Gewichtszunahme, kann es einfach daran liegen, dass er sich am Tag zuvor gerade vor dem Wiegen den Bauch vollgeschlagen hat und nun noch nicht an seine Mahlzeit gekommen ist. Erst wenn sich drei Tage hintereinander keine Zunahme verzeichnen lässt, muss er vom Tierarzt untersucht werden.
Für die ersten drei Wochen legen Sie ein Blatt pro Woche an (wie hier gezeigt), danach suchen Sie sich einen Wochentag aus, wiegen einmal pro Woche und tragen die Zunahme ein.

An der täglichen Gewichtszunahme werden Sie erkennen, ob die Muttermilch ausreicht, um das enorme Wachstum zu gewährleisten. Je nach Rasse und Welpenzahl füttern Sie ab dem 16. bis 19. Tag täglich zu, damit die Mutter entlastet wird. Ich empfehle, mit einwandfreiem Tartar zu beginnen (den Rat habe ich von Dr. Dieter Fleig, „Die Technik der Hundezucht", gern übernommen). Bitten Sie den Metzger, wirklich völlig fettfreies Filet zu verwenden. Fettanteile können bei Welpen zu Verdauungsstörungen führen. Am besten kaufen Sie Rinderfilet und drehen es durch den Fleischwolf. Dann können Sie sicher sein, dass die Welpen reines Rindfleisch bekommen. Es könnte ja sein, dass der Metzger vorher noch Schweinefleisch durch seine Maschine hat laufen lassen und sich so kleine Anteile davon mit dem Rindfleisch mischen. Rohes Schweinefleisch ist wegen der möglicherweise enthaltenen Aujeszky-Viren (nach dem Veterinärpathologen Aladár Aujeszky

GEWICHTSTABELLE (BEISPIEL)

Name	H Becky	R Cooper	H Lucy	H Tessa
Merkmal	Breite Blässe	Weißer Fleck Po	Kragen weiß	Uni
Wurftag	320 g	330 g	290 g	298 g
Tag 1	340 g + 20 g	354 g + 24 g	282 g – 8 g	310 g + 12 g
Tag 2	390 g + 50 g	404 g + 50 g	325 g + 43 g	340 g + 30 g
Tag 3	490 g +100 g	510 g + 106 g	375 g + 50 g	395 g + 55 g
Tag 4	540 g + 50 g	563 g + 53 g	441 g + 66 g	430 g + 35 g
Tag 5	620 g + 80 g	645 g + 82 g	479 g + 38 g	475 g + 45 g
Tag 6	690 g + 70 g	715 g + 70 g	551 g + 72 g	548 g + 73 g
Tag 7	760 g + 70 g	800 g + 85 g	598 g + 47 g	614 g + 66 g

benannt) zu gefährlich. Schon kleinste Mengen können das Virus aufweisen. Diese Krankheit wird auch Pseudowut genannt, weil die Symptome denen der Tollwut ähnlich sind.

Je nach Rasse rechnen Sie 10–50 Gramm pro Welpe. Dieses zarte Fleisch sorgt dafür, dass sich die Darmflora gut entwickelt. Füttern Sie jeden Kleinen einzeln auf Ihrem Schoß.

Drehen Sie das kleine Fleischkügelchen in ihrer Hand, damit es nicht zu kalt ist, und legen es dann auf die Zunge des Welpen. Hier ist ein bisschen Geduld gefragt, um die Kleinen an festes Futter zu gewöhnen. Gegenüber dem bisherigen Saugen müssen sie nun lernen, mit der Zunge zu futtern. Aber spätestens am dritten Tag wissen sie Fleisch zu schätzen. Füttern Sie das Fleisch am besten spätabends. Die Welpen sind dann nachts nicht so hungrig und die Hundemutter kommt besser zur Ruhe. Das Fleisch sättigt viel mehr als die Muttermilch.

In der Natur, bei wild lebenden Hunden und bei Wölfen, beginnt in der Mitte der Übergangsphase auch die Zufütterung. Die Mutter würgt den Welpen zu diesem Zeitpunkt täglich etwas von ihrer vorverdauten Nahrung vor. Das kann natürlich auch bei Ihrer Hündin passieren. Nachdem Welpen gelernt haben, mit der Zunge zu fressen, werden sie bei ihrer Mutter bettelnd an deren Schnute lecken und mit ihren Pfötchen dagegentreten. Bei instinktsicheren Hündinnen löst dieses Verhalten den Würgereiz aus.

Ab dem 14. Tag müssen Sie die Wurfkiste mehrmals am Tag reinigen und neu bestücken. Die Hundemutter schafft es nun nicht mehr, alles restlos zu entsorgen, und wird sich

Beginnen Sie das Zufüttern mit Tartar aus reinem, völlig fettfreiem Rindfleisch. (Foto: Bärbel Kronz)

unwohl fühlen, wenn ihre feine Nase zu viel Urin- und Kotgeruch aufnehmen muss. Kontrollieren Sie auch, ob vorgewürgtes Futter das Vetbed verunreinigt. Sobald die Zufütterung beginnt, lehnen die meisten Hündinnen es ab, Urin und Kot ihrer Welpen zu entsorgen. Meine Waschmaschine musste in der dritten Woche durch die vielen verschmutzten Vetbeds Überstunden einlegen.

Zwischen dem 18. und 21. Tag nimmt die Unternehmungslust der Welpen enorm zu. Sie spielen mehr miteinander und schlafen viel weniger. Die Sozialkontakte nehmen stündlich zu. Mit ihren Zungen belecken sie die Geschwister überall am Körper. Sie lernen sich kennen. Besonders forsche Welpen werden jetzt versuchen, über den Einstiegsrand der Wurfkiste zu entkommen. Die Neugierde auf die weitere Umwelt wächst. Es wird nun Zeit, einen Welpenauslauf einzurichten. Das Nesthockerverhalten hat ein Ende.

(Foto: kukiat B/Shutterstock)

(Foto: MalivanIuliia/Shutterstock)

SCHÖNE NEUE WELPENWELT

Ob Sie den Welpenauslauf im Wohnzimmer aufbauen oder ein eigenes Welpenzimmer nebenan einrichten, bleibt Ihnen überlassen. Wichtig dabei ist, dass die Mutter jederzeit ihre Welpen erreichen kann.

Der Raum sollte hell (Tageslicht), freundlich, beheizbar und leicht zu belüften sein.

Besorgen Sie lange, gut abwaschbare, beschichtete Holzbretter für die Umrandung. Die Höhe muss so sein, dass die Welpen nicht hinauskönnen, aber die Mutter mit noch vollem Gesäuge problemlos hinüberspringen kann.

Die Größe des Auslaufs richtet sich nach Welpenzahl und Rasse. Neun Welpen eines Gordon Setters benötigen einfach sehr viel mehr Raum als drei kleine Yorkshire.

Der Fußboden muss gut zu wischen sein. Darauf verteilen Sie eine sehr dicke Schicht staubfreier Einstreu, damit die Welpen Halt beim Laufen und Toben haben. Abfallprodukte aus einer Schreinerei eignen sich nicht dafür. Der Staub würde sich in die kleinen Nasen und Augen setzen, was zu Entzündungen führen kann. Auf Lagen von Stroh können die noch sehr weichen Ballen unter den Füßen wund werden. Strohhalme brechen leicht und es entsteht Staub ohne Ende, wie auch bei Holzwolle. Im Tierfachgeschäft gibt es die richtige Einstreu, die auch sehr gut Urin aufnimmt. Für unseren Auslauf von 2,2 x 2,4 Meter benötigten wir 350 Liter Einstreu, die 7–8 Zentimeter dick ausgebracht wurde. Die Urinflecken und die Häufchen sind gut darin zu sehen und somit auch zu entsorgen, sodass nicht jeden Tag die gesamte Einstreu gewechselt werden muss. Der vollständige Wechsel reicht alle drei Tage. Eine andere Möglichkeit bietet eine dünnere Lage staubfreier Einstreu und darüber eine ordentliche Lage frisches Heu.

Legen Sie den Auslauf auch nicht mit dicken Biberbetttüchern aus, auch wenn Sie meinen, lieber mehr Wäsche in Kauf nehmen zu wollen, als die teure Einstreu zu kaufen. Die Kleinen würden schnell lernen, dass man auf weichen Textilien Pipi machen darf. Die neuen Besitzer werden wenig erfreut sein, wenn der Kleine ständig ihre Teppiche als Löseplatz aufsucht und ewig nicht sauber wird. Stellen Sie eine Schlafkiste mit aufklappbarem Deckel in den Auslauf, damit sie leicht zu reinigen ist. Diese „Höhle“ werden die Kleinen lieben. Am besten bohren Sie auch in diese Kiste wieder Löcher an allen Seiten, damit Sie die Vetbeds mit den Schnürsenkeln darin einbinden können. Die Größe eines Vetbeds sollte so sein, dass die gesamte Bodenfläche dicht belegt ist. Sonst könnte es passieren, dass sich ein Welpe unter einem Vetbed verkriecht und von der Hundemutter nicht herausgezogen werden kann. Zudem befinden sich ja unter dem Vetbed die Inkontinenzunterlagen, die von den Welpen nicht angefressen werden sollen. Sind die Welpen fünf Wochen alt, müssen Sie die Vetbeds nicht mehr festbinden. Verteilen Sie mehrere Vetbeds auf dem Boden, mit denen die Welpen sich gemütliche Mulden zusammenscharren können. Die Inkontinenzunterlagen fallen dann auch weg.

UMZUG DER WELPEN

Tragen Sie die Welpen nun in ihr neues Zuhause und legen Sie sie in die „Höhle“. Es ist spannend zu beobachten, wer von den Kleinen der Mutigste ist und sich zuerst hinaustraut. Zunächst riskieren die Kleinen nur

Die Welpen werden ihren neuen Auslauf lieben. (Foto: Bärbel Kronz)

einen Blick nach draußen und verlassen ihre Schlafkiste noch nicht. Es dauert ein bisschen, bis sie ihre neue Welt erkunden und die Füße in die Einstreu setzen. Doch bald siegt die Neugier über die Vorsicht. Sie werden nach und nach den Auslauf durchwandern und immer größere Kreise ziehen. Und wie findet man den Eingang der Höhle wieder? Suchend und fiepend wird der ein oder andere Welpe herumtapsen. Die Hündin reagiert auf diese Laute und weist den Weg. Die Mutter wird zu ihren Kindern in die Kiste gehen und dort weiter säugen- und pflegen.

Die Wurfkiste entfernen Sie aus dem Wohnzimmer, sobald die Welpen umgezogen sind. Sonst kann es passieren, dass die Mutter auch dort immer noch nach einem Welpen sucht und Ihnen ein fiependes Konzert liefert.

Die Sinne der Welpen sind nun erwacht. Ohren, Nasen und Augen freuen sich auf neue Reize. Sobald alle den Auslauf durchwandert haben, beginnen sie, miteinander zu spielen. Jetzt gehen sie nicht mehr vorsichtig miteinander um, sondern schnappen nach Pfoten, Ruten und Ohren der Geschwister. Sie beginnen zu knurren und zu „kämpfen". Dabei lernen sie die Beißhemmung. Beißt ein Welpe seinen Bruder zu heftig ins Ohr oder in den Bauch, wird er laute Schmerzensschreie von sich geben und wird daraufhin wieder losgelassen. Das ist ein wichtiger Lernprozess für sein späteres Leben. Mischen Sie sich deshalb nicht ein, auch wenn es noch so erschütternd klingt. Die Hundemutter wird das Raubein zur Ordnung rufen, falls es nicht loslässt.

Nach vier, fünf Tagen nimmt die Sauberkeit der Welpen zu. Sie verlassen ihre Höhle, um in der Einstreu die Geschäfte zu erledigen. Sie halten von nun an ihren Schlafplatz sauber, der eine Welpe früher, der andere später. Es wird immer Nachzügler geben, aber auch die lernen es vor der Abgabe.

Jetzt geht's ans Zufüttern ...

Bringen Sie an einem Seitenbrett eine Wasserschüssel in gut erreichbarer Höhe an. Schrauben Sie einen Metallring ans Brett und fügen Sie eine flache Schüssel ein. Der Napf darf nicht zu tief sein, damit kein Welpe mit dem Kopf untertauchen kann. Er kennt ja kein Wasser, sieht nur etwas Durchsichtiges vor sich und will den Napf untersuchen. Und schwups! – das komplette Gesicht verschwindet im Wasser, was mit schrecklichem Niesen und Verschlucken endet. Würden Sie eine Wasserschüssel in die Einstreu stellen, würde darin gebadet; sie würde umgestoßen werden oder sich rasch mit Spänen füllen. Laufen alle Welpen in der Einstreu herum, nehmen Sie einen nach dem anderen, setzen ihn vor die Wasserschüssel und führen Ihren benetzten Finger zum Mäulchen, bis er daran schleckt. Dann führen Sie den Finger immer näher zum Wasser, bis die kleine Schnute die Wasseroberfläche erreicht. Auch das Trinken muss erst gelernt werden.

Laufen alle Welpen sicher durch den Auslauf und bewegen sich nun zügig, ist der Zeitpunkt für die Fütterung gekommen. Im Handel gibt es Ringschüsseln zu kaufen, die

Die Kleinen sind leider nicht mit Tischmanieren gesegnet. (Foto: Bärbel Kronz)

sich ideal eignen. Vor den Auslauf legen Sie am besten eine größere Decke, auf der die Welpen gut stehen können und nicht auf glattem Boden ausrutschen. Darauf kommt die Ringschüssel, die Sie beim ersten Mal mit hineingekrümeltem Tartar befüllen. Diese Nahrung ist dem Wurf bereits bekannt und wird gern genommen. Bisher haben Sie noch das Fleisch aus der Hand gefüttert. Nun müssen die Welpen lernen, vor der Schüssel zu stehen und sich die Happen selbst munden zu lassen. Die Mahlzeit geben Sie an den ersten beiden Tagen dreimal täglich.

Wenn tüchtig gefressen wird, bieten Sie am Abend zusätzlich Welpenmilch mit etwas Imkerhonig an. Natürlich müssen Sie die Mutter bei den Fütterungen aussperren, damit sie nicht mit zulangt und lieber etwas davon hervorwürgt.

Die Kleinen sind leider nicht mit Tischmanieren gesegnet. Der eine oder andere setzt die Pfoten ins Essen, ist entsprechend klebrig und vollgeschmiert. Greifen Sie rechtzeitig ein und setzen ihn wieder vor den Napf, bevor er ein Milchbad nimmt. Ist alles aufgefressen, kann die Mutter dazukommen und die Kinder abschlecken. Macht sie das nicht gründlich, müssen Sie mit warmem Wasser nachhelfen. Es dauert bis zu zwei Wochen, bis gesittet gefressen wird. Passen Sie auch darauf auf, dass die Gefräßigeren den langsameren Geschwistern nicht alles wegfressen und jeder friedlich seine Nahrung aufnimmt. In der Natur duldet die Mutterhündin auch keine Kämpfe beim Fressen.

Ab dem vierten, fünften Zufütterungstag kommt Woche für Woche Abwechslung auf den Speiseplan:

- Welpenmilch mit Haferflocken
- Angewärmter Hüttenkäse
- Entgräteter Kochfisch mit gedünstetem Gemüse
- Quark mit geriebenem Apfel und Honig
- Junior Trockenfutter (ab der 5. Woche) mit
  - etwas Hühnerbrühe oder
  - mit etwas Rinderbrühe
  - mit etwas Welpenmilch
  - mit rohem Eigelb (kein Eiweiß)
  - mit etwas Reis
  - mit zerdrückter Kartoffel (ohne Salz)
  - mit gekochten Hühnerherzen
  - mit gekochten Rinderherzstückchen
  - mit etwas Hüttenkäse
  - mit geriebenen Möhren und etwas Öl

Durch die abwechslungsreiche Kost können Sie sich Zusatzstoffe aus dem Tierhandel sparen. Die kleinen Körper werden Vitalität und glänzendes Fell zeigen. Außerdem bleibt der Kot fest. Wir haben unsere Welpen nicht mit Welpenfutter ernährt. Sie fraßen lieber sofort das Juniorfutter. Vielleicht ergibt das Spezialfutter für kleinere Rassen mehr Sinn.

In der sechsten, siebten und achten Woche reduzieren Sie die Anzahl der täglichen Mahlzeiten von fünf auf vier auf drei. Kurz vor der Abgabe an die neuen Besitzer reichen zwei Mahlzeiten. Die Welpen können zu dem Zeitpunkt schon größere Portionen auf einmal verdrücken. In der siebten und achten Woche bieten Sie dem Wurf ab und zu einen kleinen Hundekeks, kleine Büffelhautknochen und kleine Stücke vom frischen Pansen an. Die Darmflora ist inzwischen durch die vielseitige Kost gut ausgebildet und verträgt nun auch diese Leckereien.

Denken Sie daran, die Mutterhündin run-

Wenn die Kleinen größer werden, lieben sie Abwechslung auf dem Speiseplan; hier Rinderherz mit Möhren. (Foto: Bärbel Kronz)

terzufüttern. Je mehr die Zufütterung bei den Welpen angenommen wird, desto weniger wird gesäugt. Die Milch muss zurückgehen. Ab dem 40. Lebenstag der Kleinen sollte die Hündin wieder auf Normalkost gesetzt sein. Es hilft, wenn Sie den Wurf füttern, bevor die Hündin säugt. Die Welpen sind dann zu satt, um die Milchbar leer zu trinken. Dadurch wird immer weniger Milch produziert. Die Natur richtet es so ein, dass nur das, was gebraucht wird, da zu sein hat.

... und dann ans Spielen

Durch die sättigende Kost, das viele Spielen und Neues-Entdecken werden die Welpen müde und fallen in Tiefschlaf. Sie brauchen noch sehr viel Ruhe, um sich körperlich gut zu entwickeln. Während der Schlafphasen ist der Wurf tabu, die Welpen werden weder gestreichelt noch auf andere Weise geweckt. Das müssen vor allem Kinder respektieren, die gern mit den süßen Kleinen knuddeln und spielen. Die Hundemutter wird auf jeden Fall das Schlafbedürfnis akzeptieren. Außerhalb der Schlafzeiten sind in dieser Prägephase Streicheln, Schmusen und Spielen natürlich sehr wichtig. Ich denke, Sie werden den nussigen Duft, den Welpen an sich haben, genauso genießen wie wir.

Kaufen Sie ein bisschen Welpenspielzeug ein, das nicht zu klein ist und nicht verschluckt werden kann. Geeignet sind zum Beispiel abwaschbare Figuren aus festem Kunststoff. Hunde spielen auch gern mit Bällen, wenn die nicht zu groß oder zu klein sind. Die Größe von Tennisbällen finde ich ideal. Sie können auch eine alte Tennissocke mit einem Ball füllen, verknoten – fertig ist ein schönes Spielzeug. Unsere Welpen liebten es auch, eine alte Fernsehzeitung oder einen Pappkarton zu zerlegen.

Ab dem 25. Lebenstag sollten Sie die Kleinen im Wohnzimmer herumlaufen lassen. Hoffentlich ist Ihr Zimmer nicht mit Teppichboden ausgelegt, den Sie abdecken müssen. Die Kleinen pinkeln sicher vor Aufregung in der neuen Umgebung hierhin und dahin. Ist alles gefliest, spielt das zunächst keine Rolle. Spielen die Welpen hier, werden sie an Geräusche gewöhnt. Sie können zum Beispiel den Fernseher oder das Radio anstellen, staubsaugen oder einen Schlüsselbund auf den Boden fallen lassen. Erschrickt der eine oder andere und klebt zitternd am Fußboden, nehmen Sie es nicht zur Kenntnis. Sie reden nicht mitfühlend mit ihm und nehmen ihn schon gar nicht auf den Arm. Trösten und stete Hilfe fördern nur Unsicherheit.

Er muss selbst die Erfahrung machen, dass keine Gefahr droht, und dadurch Selbst-sicherheit gewinnen. Auch in der Küche sollten die Kleinen die Geräusche vom Mixer, Kaffeeautomaten oder von der Spülmaschine kennenlernen. Bald werden sie merken, dass ihre Mutter dabei nicht mit der Wimper zuckt, und es als normal und gefahrlos ansehen.

Ab geht's in die große weite Welt!

Ist hier alles im grünen Bereich und sie bewegen sich sicher, geht es ab nach draußen, etwa am 28./29. Tag, wenn es nicht gerade aus Kübeln schüttet. Einer Erweiterung des Lebensraums steht nichts mehr im Weg. Setzen Sie die Kleinen dicht zusammen ins Gras. Skeptisch werden sie ringsherum die neue Welt ansehen, aber schon bald wedelnd über die Wiese laufen. Der eine wird an einem Grashalm kauen, der andere wird sich mit einem Laubblatt unterhalten oder irritiert einen Käfer bestaunen. Dieser erste Ausflug dauert nur eine Viertelstunde, dann ist der gesamte Wurf total geschafft von den vielen neuen Eindrücken. Bringen Sie die Welpen wieder in ihre Höhle. Sie werden dicht nebeneinanderliegend tief schlafen und von großen Abenteuern träumen.

Verteilen Sie auch im Garten Spielzeug: bunte Quietschfiguren, Bälle, Hanfknoten zum Wegschleppen, vielleicht eine kleine Fußbank, auf die man krabbeln oder unten durchkriechen kann. Unsere Welpen fanden einen Tunnel super, den wir für wenig Geld von Ikea besorgten. An einem warmen Sommertag stellen Sie eine flache Schale mit Wasser hin, durch die sie laufen können, oder Sie ziehen ein langes Seil hinter sich her, die Welpen werden es begeistert jagen.

Lassen Sie Kinder nicht durch den Garten rennen. Der gesamte Wurf wird die Füße der Kinder jagen und das als tolles Spiel empfinden. Die spitzen Welpenzähne hinterlassen Spuren. Unsere Haut kann nicht im Entferntesten mit

Die Welpen sollten sich frühzeitig an Kinder gewöhnen. (Foto: Bärbel Kronz)

Gefahrenquellen in Haus und Garten

Im Haus und im Garten müssen Gefahrenquellen ausgeschlossen werden. Erkundigen Sie sich bei einem sachverständigen Gärtner oder bei Ihrem Tierarzt nach giftigen Pflanzen im Haus und im Garten. Machen Sie keine leidvollen Erfahrungen zum Beispiel mit Eibe, Thuja, Kriechwacholder. Zäunen Sie diese lieber mit engmaschigem Draht ein. Dieser Draht kann auch an einem Jägerzaun verhindern, dass der kleine Welpenkopf stecken bleibt. Bringen Sie einige kontrastreiche Klebestreifen an Glastüren in Augenhöhe der Welpen an. Das signalisiert ihnen: Vorsicht, ein Hindernis! Dinge, an denen Ihr Herz besonders hängt, wie Schuhe, Kinderspielzeug, teure Teppiche, bringen Sie besser in Sicherheit, bis der Wurf aus dem Haus ist. Auch Putzmittel, Medikamente, Schaumgummi, scharfkantige Gegenstände, Nylonstrümpfe, kleine Teile, die verschluckt werden können – dies alles muss außer Reichweite der Welpen sein.

An einem Tunnel im Garten werden die Welpen sicher Spaß haben. (Foto: Bärbel Kronz)

Spielerisch erzieht die Hündin ihre Welpen und bringt ihnen wichtige Lektionen fürs Leben bei. (Foto: AndriiSpy_k/Shutterstock)

dem strapazierfähigen Hundefell konkurrieren. Laden Sie in der fünften bis achten Woche Bekannte ein, auch Kinder, die keine Berührungsängste mit spitzen Welpenzähnen haben. Diese Besuche prägen die Welpen sehr gut auf andere Menschen und sie werden bald jedem Gast freudig entgegenlaufen.

Rechtzeitig zum Ende der fünften Woche sollten Sie Brustgeschirre (Suchgeschirre) und Leinen kaufen. Nehmen Sie bitte keine Erziehungsgeschirre, denn die bereiten unter den Achseln Schmerzen. In der sechsten Woche passte ich jedem Welpen sein Geschirr an und führte zwei oder drei Welpen mit der Mutter auf den Gehweg an unserer Straße. Für diese Spaziergänge reichten 15 Minuten. Hier lernten sie Skater, Radfahrer, Müllwagen, vorbeifahrende Autos und andere Hunde kennen. In der Obhut ihrer Mutter erwachte ihr Forscherdrang, und sie signalisierte durch ihr ruhiges Verhalten, dass Aufregung und Angst fehl am Platz sind.

Sie erschnüffelten ihre Umgebung und gewannen ruck, zuck! an Sicherheit. In der achten Woche waren auf diese Weise alle Welpen alltags- und familientauglich.

Anfangs machte ich den Fehler, allen Welpen ihr Brustgeschirr umzulegen und sie im Garten laufen zu lassen. Sie zerrten gegenseitig an den Geschirren, was beim jeweiligen Opfer wütendes Gebell hervorrief. Die Geschirre verloren die positive Bedeutung. Nur zum reizvollen, spannenden Spaziergang das Geschirr angezogen zu bekommen war eindeutig sinnvoller.

Mama übernimmt die Erziehung

Ab der sechsten Woche beginnt die Mutterhündin konsequent mit der Erziehung. Das Lernspiel beginnt. Durch ruppiges Spiel bringt sie ihren Kindern Benimm bei. Für uns Menschen sieht das sehr rau aus, muss aber sein. Keine Sorge! Sie wird ihren Welpen keine Schmerzen zufügen. Fühlt ein Welpe sich zu bedrängt, wirft er sich auf den Rücken und zeigt Demutshaltung.
Durch dieses Verhalten löst er beim erwachsenen Hund die Beißhemmung aus, was sehr wichtig ist für die spätere Begegnung mit fremden erwachsenen Hunden. Signalisiert ihm die Mutter, dass er wieder aufstehen darf, wird er sich mit Schnauzenstoß und Pföteln bedanken und alles ist gut. Er wird dadurch auf keinen Fall eingeschüchtert, sondern lernt nur Respekt vor älteren Tieren und richtiges Verhalten. Falls Ihre Hündin keine Erziehung übernimmt, müssen Sie es tun. Greift zum Beispiel ein Rüde seinen Bruder an, beißt ihn in den Bauch und lässt auch bei lautem Schmerzgeschrei nicht nach, ziehen Sie ihn zurück, sagen laut knurrend und energisch „Nein" und greifen mit Ihrer Hand über die Schnauze des Bösewichts. Einen Schnauzengriff wendet die Mutter an, wenn die Kleinen zu aufdringlich sind. Sie stülpt dann ihren Fang über die Welpenschnute, und der Kleine weiß sofort, dass seine Handlung nicht geduldet wird.

Greifen Sie locker zu, denn wenn Sie seine Lefzen gegen seine Zähne pressen, fügen Sie ihm Schmerzen zu. Und, wie gesagt, eine Hundemutter würde das niemals tun. Schließlich soll der Welpe auch keine Angst vor Menschenhänden bekommen.

Nehmen Sie sich immer mal einen einzelnen Welpen vor. Legen Sie sich vor ihn auf den Bauch und gehen mit offener gekrümmter Hand auf ihn zu. Er wird versuchen, den Angriff abzuwehren, was völlig in Ordnung ist. Es geht so ein paarmal hin und her. Wenn Sie damit aufhören, muss die Übung zu Ende sein. Schnappt er weiter nach Ihrer Hand, drehen Sie ihn auf den Rücken und halten ihn einen Moment in dieser Position. Lassen Sie erst los, wenn er Demutshaltung annimmt, seine Pfoten hängen lässt und sich nicht mehr hin und her windet. Auch dabei verzichten Sie darauf, ihm Schmerzen zu bereiten.

Herausforderung Einzelwelpe

Bei einem einzelnen Welpen ohne Geschwister reicht nach der Geburt ein Körbchen oder anderes Hundebett aus. Die Mutterhündin wird ihn ständig lecken und Kot und Urin von ihm aufnehmen. In der Regel genügt es, doppelte Vetbeds zu benutzen. Sie müssen für den Kleinen auch keinen Auslauf bauen. Er gehört mit seiner Mutter in den Kreis der Menschenfamilie und wird nicht in einem gesonderten

Zwischen Mutter und Einzelwelpe entsteht meist eine sehr enge Bindung. (Foto: studiohoto/Shutterstock)

Einen Einzelwelpen gut aufzuziehen, ist immer eine Herausforderung! (Foto: Victoria Antonova/Shutterstock)

Raum untergebracht. Sobald er flügge wird, kann er das Körbchen verlassen und das Zimmer erkunden. Allerdings fehlen ihm die Situationen, die er mit Geschwistern erleben würde, und die müssen Sie ihm nun bieten.

Der Kleine führt an der Milchbar ein Wonneleben wie im Paradies. Er muss nicht um die lukrativste Zitze kämpfen und sich durchsetzen. Nehmen Sie ihn immer mal von einer Zitze weg. Ignorieren Sie seinen lauten Protest. Er soll lernen, dass auch ein Hundeleben kein Ponyhof ist. Einzelwelpen haben später oft wenig Frustrationstoleranz, wodurch sich eine Reihe von Problemen ergeben können. Stellen Sie dem Hundekind daher immer wieder neue Herausforderungen. Legen Sie zum Beispiel ein zusammengerolltes Handtuch in seinen Weg, wenn er zur Mama robbt.

Ihre Hündin wird sich sträuben, den Winzling allein zu lassen. Trotzdem sind Spaziergänge, wenn auch nicht allzu lange, wichtig für sie. In einem größeren Wurf würden in der Zeit die Welpen eng zusammenkrauchen, sich wärmen und sich nicht verlassen fühlen. Legen Sie den Kleinen deshalb in dieser Zeit zwischen zwei mit Plüsch überzogene Wärmflaschen.

Nach einiger Zeit trennt sich die Mutter oft am Tag vom Wurf, geht nur noch zum Säugen und Pflegen in die Wurfkiste. Beim Einzelkind wird sie das wahrscheinlich von sich aus nicht tun und Sie müssen beide immer mal trennen, damit ihre Beziehung nicht zu eng und der Kleine nicht zu verwöhnt wird. Schließlich sollen weder er noch seine Mutter am Abgabetag unter der Trennung leiden. Er soll einfach zwischendurch nur mit einem Menschen und/oder Spielzeug auskommen. Bedenken Sie jedoch, dass dem Welpen die Spielgefährten fehlen und ihm nicht den ganzen Tag langweilig werden darf.

Am 25./26. Lebenstag lernt er den Garten kennen. Hier wäre es hilfreich, wenn Sie einen oder bessere mehrere Spielkameraden im passendem Alter aus der Nähe dazuholen können. Vielleicht finden Sie einen Hundezüchter, der auch gerade einen Wurf hat. Es macht aber auch nichts, wenn die Spielgefährten etwas älter sind. Hauptsache, Ihr Welpe bekommt die Gelegenheit zu hundegerechten, natürlichen „Kampf- und Verfolgungsspielen". Das wäre von Vorteil für die Sozialisierung.

Leider kommt es oft vor, dass Einzelwelpen später Probleme mit Artgenossen entwickeln, sich nicht gut in ein Rudel integrieren können und schneller aggressives Verhalten gegenüber anderen Hunden zeigen. Je mehr Kontakte zu anderen Welpen Sie arrangieren können, desto besser.

Mit sechs Wochen nehmen Sie den Welpen mit auf die Spaziergänge mit der Mutterhündin. Er lernt Feld, Wald und Wiese oder auch die Stadt kennen.

In der Natur wird er sich an seiner Mama orientieren und schnell sauber werden. Überfordern Sie ihn dabei aber nicht. Nach höchstens 20 Minuten Laufen nehmen Sie ihn auf den Arm oder lassen ihn in einer Tasche, die Sie quer über Ihren Körper hängen, ausruhen.

An der Futterschüssel kann er mäkelig werden, weil ihm kein Konkurrent in die Quere kommt. Er hat alle Zeit der Welt, alles gehört ihm. Auch hier könnte ein junger Welpe aus der Nachbarschaft ab und zu aushelfen, der ihm etwas vor der Nase wegfrisst.

(Foto: Happymonkey/Shutterstock)

KRANKE WELPEN

Sicher gibt es etliche Themen über Welpen, die weniger belastend sind. Doch muss ich auch auf diese Schattenseiten eingehen, damit Sie rechtzeitig böse Symptome erkennen und entsprechend handeln können.

Atemnotsyndrom:
Hauptsächlich bei Frühgeborenen (unter 57 Tage Trächtigkeit) treten Atembeschwerden und Lebensschwäche auf. Bei Normalgeborenen kann es aber passieren, dass der Welpe Fruchtwasser abgeatmet hat.

Die Schleimhäute im Mäulchen sind infolge des Sauerstoffmangels bläulich oder blass. Wiederbelebungsversuche dürfen nicht vor Ablauf von 15 Minuten abgebrochen werden. Saugen Sie den Schleim mit Ihrem Mund vorsichtig ab (wie schon beschrieben). Dann nehmen Sie den Kleinen in Brustlage in Ihre Hand und geben ihm einen kurzen Kaltwasserguss ins Genick. Reiben Sie mit einem weichen trockenen Tuch kräftig seinen Rücken. In Brustlage ist die Lungenbelüftung größer als in Rückenlage. Nun sollte er atmen und bei der Mutter angelegt werden. Die kritische Überlebensphase liegt in schweren Fällen bei 36 Stunden nach der Geburt.

Ernährungsbedingte Durchfälle:
Sie treten insbesondere bei künstlich aufgezogenen oder von Anfang an zugefütterten Welpen verstärkt auf. Bei Überfütterung oder falscher Zusammensetzung der Nahrung kommt es zu einer Übersäuerung des Magen-Darm-Kanals. Der Durchfallkot sieht zunächst grünlich, später grau bis weiß aus. Hier muss der Tierarzt die genaue Energiezufuhr berechnen, die die Welpen brauchen, und die Ursachen abklären.

Hämorrhagisches Syndrom:
Es tritt sehr selten auf. Betroffen sind Welpen im Alter von ein bis vier Tagen. Ohne äußerliche Einwirkung bluten sie aus der Nase und dem Mäulchen. Auch in der Unterhaut oder im Bauchraum sammelt sich Blut. Vermutet wird, dass es sich hier-

bei um einen Vitamin-K-Mangel des Muttertiers handelt. Welpen speichern als Embryonen dieses Vitamin für die Blutgerinnung nicht. Der Tierarzt kann versuchen, Vitamin K zu spritzen, aber oft kommt jede Hilfe zu spät. Das Futter der trächtigen Hündin muss im Vorfeld überprüft werden. Ein zu altes Produkt oder zu warm aufbewahrtes Futter beinhaltet kaum noch Vitamin K. Wird viel Frischfutter verabreicht, ist kaum ein Mangel zu erwarten.

Herpes-Canis-Virus:
Wichtig ist die Impfung der Hündin gegen dieses Virus während der Läufigkeit. Wurde die Hündin ungewollt gedeckt, muss die Impfung zwischen dem siebten und zehnten Tag der Trächtigkeit erfolgen. Die Welpen müssen über die Kolostralmilch unbedingt die Antikörper aufnehmen.

Diese Viruserkrankung (auch Fading-Puppy-Syndrom) trat erstmals 1964 massiv in den USA auf, ist inzwischen aber auch in Europa weitverbreitet.

Erwachsene Tiere erkranken nicht oder zeigen nur harmlose Symptome. Das liegt an der Körpertemperatur. Das Virus kann sich optimal ausbreiten bei einer Körpertemperatur von 35 bis 36 Grad Celsius. Deshalb sind Welpen mit ihrer sehr niedrigen Temperatur sehr gefährdet. Zweifellos handelt es sich bei dieser Infektion um die gefährlichste Welpenerkrankung, die in der Regel in den ersten drei Wochen zum Tod führt. Das betrifft leider den gesamten Wurf. Ab der dritten Woche sinkt jedoch die Gefahr, weil ihre Körpertemperatur ansteigt.

Die Welpen können sich bereits in der Gebärmutter angesteckt haben. Diese Welpen werden lebensschwach geboren. Stecken sie sich erst während der Geburt durch das Scheidensekret der Mutter an, wirken sie zunächst unauffällig. Sie saugen gut, sind munter und nehmen normal zu. Das erste Anzeichen ist der Durchfall, der leider oft nicht so ernst genommen wird, weil die Kleinen sich ansonsten lebhaft zeigen.

Plötzlich zeigen sie Saugunlust, schreien laut oder wimmern kläglich, erbrechen nach dem Saugen und bekommen gelbgrauen Durchfall. In der Regel ist keine Hilfe möglich. Sollten tatsächlich Welpen überleben, können sie bleibende Schäden wie Nierenprobleme, Taubheit und Blindheit davontragen.

Es wurde versucht, die erkrankten Welpen mit Blutserum von Hunden zu behandeln, die Antikörper gegen den Erreger gebildet haben. Zusätzlich wurden sie auf 38 bis 39 Grad Celsius bei ausreichender Flüssigkeitszufuhr (Infusionen) erwärmt. Doch leider blieb der Erfolg gering.

Herzmissbildungen:
Mögliche Anzeichen sind zum Beispiel Husten, Atemfunktionsstörungen, Entwicklungsstörungen, Erbrechen von unverdautem Futter, Ohnmachtsanfälle und Schwäche nach Belastung.

Der Tierarzt muss beim Welpen schauen, ob Herzgeräusche zu erkennen sind. In dem Fall muss entschieden werden, ob ein chirurgischer Eingriff notwendig ist oder ob eine andere Behandlung infrage kommt.

Eventuell wird er einen Herzspezialisten empfehlen.

Handelt es sich um eine abnorme Entwicklung des Aortenrings, kann einer seiner Abzweige die Speiseröhre abschnüren. Das wird Ihnen aber erst auffallen, sobald die Welpen festes Futter erhalten, denn Milch konnte die Einengung noch überwinden. Das feste Futter wird wieder erbrochen. Im unteren Halsbereich ist manchmal eine Verdickung durch den Speisebrei tastbar. Die Aussicht auf eine erfolgreiche Behandlung sollte unbedingt von einem Herzspezialisten beurteilt werden.

Leberanomalie:
Der Blutgefäßverlauf irgendwo zwischen Darm und Leber ist fehlerhaft, bildet eine Querverbindung (Shunt), die große Probleme macht. Blut, das in die Leber gebracht werden müsste, gelangt in den Kreislauf zurück. Die stärkste Auswirkung wird durch das Ammoniak hervorgerufen, das bereits in geringen Mengen zu Krämpfen, Aggressivität, Drehen im Kreis oder Ohnmachtsanfällen führen kann.

Bei Lebershunts können auch andere Symptome auftreten: mangelhafte Gewichtszunahme, Fieber, Erbrechen, Durchfall oder Verstopfung, Durst, Hungerattacken, Blutharn. Der Tierarzt muss zunächst den Shunt lokalisieren. Das geschieht mit einem Ultraschallgerät mit Farbdoppler, mit Computertomografie oder einer Kontrastdarstellung der Lebergefäße. Nach chirurgischer Korrektur wird er wahrscheinlich eine sehr eiweißarme Diät verordnen. Die Futtermittelindustrie ist auf solche Fälle heutzutage gut vorbereitet.

Schwimmer-Syndrom:
Leider melden Züchter ihre Welpen, die dieses Syndrom aufweisen, meistens nicht ihrem Zuchtverein. So kommt es, dass die Erkrankung noch wenig erforscht wurde. Inzwischen gibt es aber einige Berichte im Internet darüber, die klar herausstellen, dass die Welpen die Krankheit mit großem Einsatz ihrer Halter überwinden können und sich dann völlig normal entwickeln. Sie müssen auf keinen Fall eingeschläfert werden.

Aber erst einmal zu den Symptomen. Bis zum 16. Lebenstag können Sie die Krankheit erkennen und die Behandlung einleiten. Je früher, desto besser. Die Betroffenen liegen platt auf der Brust, können nicht aufstehen und rudern mit den Vorderläufen wie ein Brustschwimmer, um leidlich vorwärtszustreben. Sie kommen nicht auf die Füße, obwohl sie voller Energie stecken. Die Nerven arbeiten nicht richtig und reizen die Muskeln unzureichend. Hier ist physiotherapeutische Unterstützung wichtig, um die Gliedmaßen belastbar zu machen. Während der Ruhephasen der Welpen rollen Sie zwei Handtücher und betten sie seitlich dazwischen, damit der Brustkorb entlastet wird. Geschieht das nicht, besteht die Gefahr, dass eine Lungenentzündung auftritt. Ein Tierphysiotherapeut bringt Ihnen Übungen bei, die Sie größtenteils zu Hause durchführen können. Hans-Peter Schmidt, Beaglezüchter aus Preußisch-Oldendorf, beschreibt seine Erfahrungen sehr genau und interessant. Bei ihm und seiner Frau kamen sieben Welpen mit Schwimmer-Syndrom unterschiedlicher Ausprägung auf die Welt. Im Internet fand er die Tierphysiotherapeutin Karin Strack aus

Bergisch-Gladbach, die gerade eine Studie über das Schwimmer-Syndrom erstellte. Schon am nächsten Tag kam Familie Schmidt mit den sieben Welpen in ihre Praxis im Tierheim Köln-Dellbrück an.

Ich zitiere Hans-Peter Schmidt: „Wir wurden zweieinhalb Stunden in die richtige Durchführung von Massage und Gymnastikübungen an den Welpen eingewiesen. Zu Hause haben wir die Übungen dann an vier aufeinanderfolgenden Tagen jeweils viermal mit jedem Welpen praktiziert. Ebenso haben wir mit Handtüchern für eine stabile Seitenlage der Welpen während des Schlafens gesorgt. Das Ergebnis der Bemühungen kann sich sehen lassen: Alle sieben Welpen kamen nach längstens vier Tagen auf die Beine und haben sich mittlerweile völlig normal weiterentwickelt. Die Wurfabnahme durch die Zuchtwartin des Beagle Clubs Deutschland erfolgte im Welpenalter von acht Wochen. Uns wurde ein normal entwickelter, fehlerfreier Wurf bestätigt. Die Untersuchung unseres Tierarztes ergab ebenfalls: sieben gesunde Welpen!"

Staupevirus:
Besitzt die Mutterhündin keinen ausreichenden Impfschutz und sie infiziert sich mit dem Staupevirus, werden lebensschwache oder tote Welpen geboren. Wurde sie während der Trächtigkeit mit Lebendimpfstoff versehen, weil sie nicht durchgeimpft war, können Welpen durch die Aufnahme des Impfvirus sterben. Es kommt zu Durchfall und zentralnervösen Störungen und kann zum Tod führen.

Toxisches Milchsyndrom:
Eine leichte Entzündung der Gebärmutter oder eine Rückbildungsverzögerung kann dazu führen, dass Giftstoffe aus der Gebärmutter über das Blut in die Milch abgegeben werden. Beim Saugen nehmen die Welpen diese auf und erkranken etwa zwischen dem dritten und vierzehnten Lebenstag. Sie beginnen zu schreien, bekommen Durchfall und aufgetriebene Bäuche. Gesunde Welpen schreien nicht lange. Dauert das Schreien länger als eine Viertelstunde, sind sie sehr krank. Sie müssen sofort von ihrer Mutter getrennt werden. Hier kann nur der Tierarzt helfen. Stellen Sie mit dem Nachwuchs auch die Mutter vor, auch dann, wenn sie gesund wirkt.

Zwergwuchs:
Wir müssen unterscheiden zwischen kleinen Welpen und Zwergen. Ist ein Welpe deutlich kleiner als seine Geschwister, zeigt aber direkt nach seiner Geburt, dass er voller Energie steckt und ruck, zuck! den Weg zur Zitze findet, ist alles in Ordnung. Bei Zwergen liegt eine Degeneration im Zwischenhirn vor. Sie verhalten sich nach der Geburt lethargisch und krabbeln nicht zur Zitze. Sie werden auch nicht gut an Gewicht zunehmen. Es mangelt an Wachstumshormonen. Mit etwa drei bis acht Lebenswochen kommt das Wachstum zum Stillstand, obwohl die Proportionen stimmen. Betroffene Hunde zeigen eine sehr spitze Schnauze, leichten Überbiss und blinzeln verstärkt bei hellem Sonnenlicht. Unbehandelte Hunde behalten entweder ihr Welpenfell oder werden nackt. Dr. Dieter Fleig berichtet in sei-

nem Buch („Die Technik der Hundezucht") auch von kuhhessiger Hinterhand, ausgedrehter Front und schwachen Fesseln. Sie leiden außerdem an vielen anderen Krankheiten. Man geht davon aus, dass nur zehn Prozent der betroffenen Tiere überleben und nur in Einzelfällen älter als vier Jahre werden. Meistens müssen solche Welpen aufgrund ihres Verfalls im Alter von etwa drei bis vier Monaten eingeschläfert werden.

Karin Strack gibt auf www.wuff.de eine kurze Übersicht über angewandte Therapieformen beim Schwimmersyndrom:

- *Massage: spannungsausgleichende, lockernde und kräftigende Griffe.*
- *Passive Bewegungsübungen: Hierbei werden die Gliedmaßen ohne Zutun des Patienten vorsichtig bewegt.*
- *Aktive Bewegungsübungen: Dazu gehören einseitige Gliedmaßenbelastungen, Balanceübungen, Reflexauslösungen, Laufen auf unterschiedlichem Untergrund oder über kleine Hindernisse.*
- *Thermotherapie: Wärme- oder Kältereize werden mit den verschiedensten Verabreichungsformen gesetzt, auch mit Ultraschall gegen Schmerzen und Entzündungen.*
- *Hydrotherapie: Hierbei kommt Wasser zum Einsatz, wie zum Beispiel bei den Kneipp'schen Güssen, Waschungen oder Wickeln.*
- *Balneotherapie: Behandlung mit Bädern.*
- *Lichttherapie: Der Einsatz von Sonnenlicht (Heliotherapie), UV-Licht, Infrarotlicht und farbigem Licht (Chromotherapie), zum Beispiel gegen Antriebsschwäche und schlechtes Allgemeinbefinden.*
- *Lasertherapie: Hauptsächlich zur verbesserten Wundheilung und bei Entzündungen.*
- *Elektrotherapie: Dabei bedient man sich elektrischer Ströme in den verschiedenen Verabreichungsformen, zum Beispiel zum Muskelaufbau.*
- *Magnetfeldtherapie: Pulsierende Magnetfelder regen im Organismus den gesamten Stoffwechsel an (Durchblutungsförderung), was die Genesung beschleunigt.*
- *Aquatherapie auf dem Unterwasserlaufband*

(Foto: NinaKorolevich/Shutterstock)

TRENNUNG NACH ACHT BIS NEUN WOCHEN

Die Instinkte aller Hunde gehen auf das Wolfserbe zurück. So auch das Verhalten der Mutter den Welpen gegenüber. Bei Wolfsmüttern wie bei heutigen Hundemüttern findet von der fünften bis zur achten Woche spielerische Erziehung statt. Sie vermittelt ihnen zusehends mehr Sicherheit in Bezug auf ihre Umwelt, sodass die Kleinen immer mehr wagen. Nach acht bis spätestens neun Wochen hat die Mutter ihre Aufgabe erledigt und überlässt die Welpen dem Vater. Sie bereitet sie gut auf die Veränderung, die Trennung in ihrem Leben vor. Im Wolfsrudel übernimmt nun der Vater die alleinige Anleitung und Ausbildung für den Ernst des Lebens. Durch ihn lernen sie, was es heißt, zusammenzuarbeiten.

Kommt genau zu diesem Zeitpunkt der neue Besitzer, um seinen Welpen zu holen, kann er all die Aufgaben des Vaterrüden übernehmen. Der Kleine wird zu diesem Zeitpunkt nicht unter der Trennung von seiner Mutter leiden, weil ihm sein Instinkt sagt, dass jetzt der richtige Moment für den Wechsel da ist. Der Mutter geht es ebenso.

Der neue Halter erhält damit die große Chance, seinen jungen Vierbeiner entsprechend zu prägen, denn er ist eben gerade jetzt lernbegierig und erwartungsvoll. Die achte bis zwölfte Woche ist die wichtigste Sozialisierungsphase.

Findet aber, trotz der Vorbereitung der Welpen, keine Übergabe statt, übernimmt die Mutter die Aufgaben des Vaterrüden und bindet ihre Kinder durch diese Lehr- und Lernzeit stark an sich. Folgt einer der Kleinen nicht, ruft sie ihn härter zur Ordnung als in den Wochen vorher. Schließlich muss er lernen, dass Gruppenbildung und Disziplin zum Erhalt der Art und des Rudels vonnöten sind. In dieser Zeit nimmt sie sich öfter einzelne Welpen für den Unterricht vor.

Sie übt dann mit ihnen Rennen, Haken schlagen, Hindernissen ausweichen, Angriff, Abwehr und Demutsverhalten. Manchmal versteckt sie sich und feiert das Erfolgserlebnis mit dem Welpen, der sie findet. Kondition, Selbstsicherheit und Bindung werden nach und nach aufgebaut.

Trennung nach acht bis neun Wochen

Kommt die Trennung erst in der zwölften Woche oder später auf Mutter und Kinder zu, ist es für beide Seiten eine kritische Situation. Eine starke innere Verbundenheit wird unterbrochen.

Grundimmunisierung

Nach der Geburt sind die Welpen durch die in der Muttermilch enthaltenen Antikörper gegen Krankheitserreger geschützt. Zieht der Welpe in sein neues Zuhause, verliert er einerseits diesen Schutz und ist von nun an gleichzeitig einer Vielzahl von Erregern ausgesetzt. Sein Immunsystem muss sich weiter entwickeln und wird lernen, mit Magen-Darm-Infekten und Ähnlichem zurecht zu kommen. Gegen einige Infektionskrankheiten schützt ihn jedoch nur eine Impfung. Infiziert sich ein Welpe beispielsweise mit Parvovirose, hat er nur etwa eine 50%ige Chance zu überleben.

Deshalb steht vor der Abgabe für die Hundekinder noch ein wichtiger Besuch beim Tierarzt an: Die erste Impfung gegen Staupe, Leptospirose, Parvovirose und Hepatitis sollte etwa im Alter von acht Wochen erfolgen. Damit die Grundimmunisierung komplett ist, müssen die zukünftigen Besitzer den Welpen dann in der 12. Und 16. Woche ein weiteres Mal impfen lassen. Die Impfung gegen Tollwut kommt ab der 12. Woche am besten als Einzelimpfung dazu.

Geimpft werden dürfen nur gesunde Welpen. Aber auch diese brauchen nach der Impfung Ruhe und mindestens 24 Stunden Zeit zur Erholung, bevor das nächste Abenteuer ansteht. Legen Sie daher den Termin für die Impfung rechtzeitig vor die geplanten Abgabetermine und warten Sie ab, ob die Welpen alles gut weggesteckt haben.

Künftige Besitzer

Züchter bekommen durch die Welpenvermittlung ihrer Vereine große Unterstützung bei Kontakten zu Welpeninteressenten. Diesen Vorteil haben Sie leider nicht. Was bleibt, sind Anzeigen in Tageszeitungen, die Mund-zu-Mund-Propaganda und Handzettel mit hübschen Fotos in Geschäften – und natürlich das Internet.

Auf jeden Fall möchten Sie ein liebevolles Zuhause für die Welpen. Bevor Sie die Interessenten einladen, stellen Sie schon am Telefon einige Fragen. Läuft die Kommunikation gut, machen Sie einen Besuchstermin für ein ausführliches Gespräch aus. Laden Sie immer die komplette Familie ein, damit Sie sehen und hören können, ob die Entscheidung für einen Hund von allen kommt. Es ist nicht annehmbar, wenn Eltern meinen, ihre Kinder brauchen unbedingt einen Vierbeiner, und sie selbst haben keine Zeit für ihn und wenig Lust für Spiel, Training, Pflege und Spaziergänge. In dem Fall bekommen Sie wahrscheinlich nach ein paar Wochen den Hund zurück, was weder in Ihrem noch im Sinne des Hundes ist. Die Erwachsenen müssen unbedingt selbst den Wunsch nach einem neuen Familienmitglied haben. Natürlich kommen auch Singles beziehungsweise Rentner in Betracht.

Am besten ist es, noch jemanden zu diesen Gesprächen hinzuzubitten, um sich nach dem Besuch mit ihm über die Familie, das Paar oder die einzelne Person austauschen zu können. Es reicht völlig aus, den Interessenten erst am nächsten Tag das Ja oder Nein mitzuteilen. So haben auch die Gäste die Möglichkeit, über alle Konsequenzen zu Hause in Ruhe nachzudenken.

Geben Sie den Interessenten rechtzeitig eine Liste für notwendige Anschaffungen mit.

Bereiten Sie für den Abholtag einen Vertrag vor (Muster siehe Anhang). Außerdem legen Sie kleine Schnuffeltücher am letzten Tag mit in die Schlafkiste. Jeder neue Halter erhält davon eines. So nimmt der Welpe ein bisschen „Stallgeruch" mit ins neue Zuhause, was ihn beruhigen wird. Die neuen Besitzer sollten in den ersten Wochen auch etwas Hilfe im Umgang mit ihrem neuen Familienmitglied von Ihnen erhalten.

Den Text auf Seite 66/67 gaben wir unseren Käufern bei der Welpenabgabe an die Hand, um sie bei der Sauberkeitserziehung der Kleinen zu unterstützen. Sie waren sehr dankbar für diese Ratschläge. Kopieren Sie doch einfach die Doppelseite und geben Sie sie Ihren Welpenkäufern mit.

Bei der Abholung unterschreiben beide Parteien den Kaufvertrag. Wenn die Formalitäten erledigt sind und der Welpe bezahlt wur-

Auch andere Tiere im Haushalt können für den Kleinen zur Herausforderung werden. (Foto: AnnaKrivitskaya/Shutterstock)

de, übergeben Sie ihn plus Schnuffel-tuch, Brustgeschirr, Leine, Impfpass, Futterplan, weitere Impftermine und Termine für Wurmkuren. Halten Sie einen Quittungsblock bereit.

So ausgestattet, können Sie den Kleinen beruhigt in sein neues Leben entlassen. Es ist immer schön, später Fotos von der neuen Familie zu bekommen und zu sehen, was aus Ihrem Baby geworden ist.

Wichtige Fragen an die Interessenten:

- *Sind alle Familienmitglieder mit einem Hund einverstanden?*
- *Wie viel Zeit ist täglich für den Hund da?*
- *Sind die Erwachsenen ganztags berufstätig? (Dann wäre der Hund zu viele Stunden sich selbst überlassen!)*
- *Gehen Sie gern lange spazieren? Bei jedem Wetter?*
- *Haben Sie Zeit, Lust und Geduld für Spiel und Training?*
- *Waren alle Familienmitglieder oft genug mit Hunden zusammen, um eine Allergie ausschließen zu können?*
- *Wurde über die Urlaubszeit nachgedacht?*
- *Können Sie mit unangenehmen Seiten der Hundehaltung leben? (Kot aufsammeln; Haare und mehr Staub im Haus; Kosten für Tierarzt, Anschaffungen, Futter, Versicherung, Steuern; die Lieblingsschuhe oder das Handy fallen den Welpenzähnen zum Opfer; während der Sauberkeitserziehung auch nachts aufstehen; das Tischbein oder der Teppich wird angefressen.) Wenn Sie beim Ansprechen dieser Dinge in zu skeptische Gesichter sehen, sollten Sie lieber nach anderen Käufern Ausschau halten.*
- *Hatten Sie schon mal einen Hund?*
- *Wo lebte er tagsüber und nachts? (Wurde dieser Hund im Zwinger gehalten, nehmen Sie auch hier lieber Abstand. Die Hundepsyche nimmt bei Zwingerhaltung ganz bestimmt großen Schaden. Das betrifft auch die Haltung im Keller oder in einem Teil der Garage. Glauben Sie nicht, Sie könnten das Verständnis für einen Hund bei diesen Menschen zum Guten wenden.)*

Wichtig: Die ganze Familie muss einverstanden sein. (Foto: Kinga/Shutterstock)

Sauberkeitserziehung und die erste Nacht

Die Sauberkeitserziehung müssen Sie sofort, von der ersten Stunde an, mit Nachdruck verfolgen. Glauben Sie nicht, Sie könnten ja morgen oder übermorgen mit der Erziehung anfangen. Nein, der Kleine wird jede Unart direkt als richtig für sich einordnen.

Von nun an haben Sie stets winzige Leckerchen in der Hosentasche, um richtiges Verhalten direkt zu loben und zu belohnen. Loben müssen Sie genau in dem Moment, wenn der Welpe auf der Wiese nach vollbrachter Tat aufsteht, und nicht erst dann, wenn er auf Sie zuläuft. Er würde das Lob in dem Fall mit dem Kommen verbinden, nicht mit seinem See. Die Stimme heben Sie an und sprechen in normaler, freundlicher Lautstärke: „Fein, Finlay!" Beim Tadeln muss Ihre Stimme dunkler und etwas lauter klingen. Das kleine Leckerchen bekommt er mit der lobenden Stimme gleichzeitig.

Nach dem Spielen, Toben, Fressen und Aufwachen setzen Sie den Welpen nach draußen und die Sauberkeitserziehung geht weiter. Für die Nacht stellen Sie am besten einen Klappkäfig vor Ihr Bett. Legen Sie Polyesterfelle hinein, damit er es bequem hat, und geben

Auf ins neue Leben! (Foto: JneValokuvaus/Shutterstock)

Sie das Schnuffeltuch dazu. Solch eine Box eignet sich auch gut für Autofahrten mit ihm und wird in Hotelzimmern gern gesehen. Setzen Sie ihn gegen 23 Uhr noch mal auf die Wiese, damit er sich lösen kann. Nach erledigtem Geschäft und Lob und Leckerchen tragen Sie ihn in die Box und schließen die Tür. Er soll nachts nicht umherwandern und kleine Seen im Schlafzimmer verteilen. Die Sauberkeitserziehung wäre dahin.

Nun kann es sein, dass er fiept. Bisher schlief er noch nie allein, sondern legte seinen Kopf immer eng an die Geschwister oder die Mutter. Reden Sie kurz leise und monoton mit ihm. Was Sie ihm erzählen, ist egal. Er versteht es nicht, aber diese kleine „Gutenachtgeschichte" wirkt Wunder. Bei geschlossener Käfigtür wird er sich durch Fiepen melden, wenn er rausmuss. Er möchte seinen Schlafplatz nicht beschmutzen. Es bleibt Ihnen nicht viel Zeit, denn er muss sofort und meldet sich erst, wenn er es nicht mehr aushalten kann. Ich schlief in der ersten Woche immer im Jogging-anzug und hatte Leckerchen in der Hosentasche. Sie haben in diesem Moment einfach nicht die Zeit, um in Kleidung zu schlüpfen und Leckerchen zu besorgen.

Tagsüber halten Sie den Bereich, in dem der Welpe sich bewegen darf, möglichst klein. Könnte er ständig durch mehrere Räume laufen, haben Sie ihn nicht immer im Blick. Es ist aber äußerst wichtig, ihn immer zu beobachten, um den richtigen Zeitpunkt für das Geschäft draußen zu erwischen.

Kommt es aber vor, dass Sie seinen Drang nicht rechtzeitig bemerkt haben und der See ist schon ein paar Minuten im Wohnzimmer, schimpfen Sie nicht. Es ist bereits zu spät und der Kleine weiß nicht, warum Sie böse mit ihm sind. Er wird zwar an Ihrer Gemütsverfassung erkennen, dass Sie unzufrieden sind, duckt sich, lässt die Rute sinken, verknüpft es aber nicht mit seinem Geschäft. Tragen Sie ihn in ein anderes Zimmer und schließen dort die Tür. Putzen Sie die verunreinigte Stelle nicht im Beisein des Welpen, denn für ihn stellt es sich so dar: „Oh, Frauchen interessiert sich sehr für meinen Teich, also muss ich öfter hierhin machen." Und sagen Sie sich nicht: Es passiert ja nur ein einziges Mal am Tag. Auch dann kommt er zu dem Schluss, dass er innerhalb der Wohnung ab und zu urinieren darf. Statt mit ein paar Tagen müssen Sie nun mit vielen Wochen rechnen, um ihn sauber zu bekommen.

Reagieren Sie anders, wenn Sie gerade sehen, dass er sich zum Geschäft im Wohnzimmer niederlässt. Greifen Sie sofort ein, nehmen ihn hoch, unterbrechen damit sein Geschäft, was ihm äußerst unangenehm ist, sagen barsch „Nein" und bringen ihn schnell nach draußen.

Beobachten Sie genau, wenn er zur Tür läuft, die in den Garten führt. Ein gutes Zeichen! Er hat begriffen, dass er nicht in die Wohnung machen soll. Unter Umständen fiept oder bellt er aber nicht, sondern sitzt nur abwartend vor der Tür. Es wäre schade, wenn Sie das nicht bemerken würden.

In einigen Büchern aus früheren Zeiten findet man noch den Ratschlag: „Falls der Hund ins Zimmer macht, stupsen Sie seine Nase in das erledigte Geschäft." Alle Experten sind sich heute darüber einig, dass diese Maßnahme Tierquälerei ist und der Hund dabei absolut nichts lernt!

(Foto: Rita_Kochmarjova/Shutterstock)

(Foto: olgagorovenko/Shutterstock)

ANHANG

Wann passiert was?

Hündin	
Normale Tragezeit:	60–64 Tage
Nidation:	um den 18. Tag
Etwas Scheidenausfluss:	22./23. Tag
1. Ultraschall:	32.–35. Tag
2. Ultraschall:	56.–58. Tag
Nach und nach mehr Futter:	ab 31. Tag
3 bis 4 Mahlzeiten:	ab 6. Woche
Körpertemperatur messen:	ab 56. Tag 3 x täglich
Geburt:	12–24 Stunden nach Temperaturanstieg
Wochenfluss:	reduziert sich in den ersten 2 Wochen, verschwindet in der 3. Woche ganz
Runterfüttern:	ab dem 30. Tag nach der Geburt
Normalfütterung:	ab dem 40. Tag nach der Geburt

Welpe	
Nabelschnur:	trocknet in 24–36 Stunden und fällt ab
Krallen schneiden:	ab 5. Tag und dann 1 x pro Woche
Augen öffnen sich:	zwischen 10. und 13. Tag
Ohren öffnen sich:	um den 17. Tag
Können sich selbstständig lösen:	ab 14./15. Tag (ohne Bauchmassage)
Zufütterung:	ab 16.–19. Tag (zuerst mit Tartar)
Versuch, auf den Füßen zu laufen:	ab 12./15. Tag und sind ab 21. Tag auf den Füßen
1. Wurmkur:	15.–17. Tag
Die ersten Zähne:	18./19. Tag
Komplettes Milchgebiss:	etwa 7. Woche
Wiegen:	in den ersten 3 Wochen täglich, dann 1 x wöchentlich
Doppeltes Geburtsgewicht:	Ende der 1. Woche
Dreifaches Geburtsgewicht:	Ende der 2. Woche
In den Welpenauslauf:	18.–21. Tag
Anzahl der Welpenmahlzeiten reduzieren:	nach und nach in der 6., 7. und 8. Woche
1. Mal nach draußen:	ab 25. Tag
Abgabe an neue Halter:	8.–9. Woche

Muster Kaufvertrag (Daten sind frei erfunden)

Zwischen Frau Sonja Meyer, Poststraße 10, 34317 Habichtswald, im folgenden Verkäufer genannt,

und

Frau Ursula Schmidt, Berliner Straße 22, 34289 Zierenberg, im folgenden Käufer genannt,

wird folgender Kaufvertrag geschlossen:

1) Der Verkäufer ist Eigentümer der Hündin Lucy

Wurfdatum: 20. April 2021 Chipnummer: ....

Der Verkäufer verkauft diese Hündin an den Käufer. Die Übereignung erfolgt am 17. Juni 2021, auflösend bedingt dadurch, dass das Eigentumsrecht wieder auf den Verkäufer zurückfällt, sobald der Rücktritt vom Vertrag gem. Ziffer 4 erfolgt.

2) Der Kaufpreis beträgt EUR 490,– in Worten: vierhundertneunzig

3) Der Verkäufer versichert, dass diese Hündin sorgsam und gewissenhaft aufgezogen wurde. Er versichert, dass ihm offensichtliche und/oder verborgene Mängel oder Krankheiten der Hündin nicht bekannt sind. Er erklärt, dass die Hündin geimpft und regelmäßig entwurmt wurde. Der Käufer erhält den Impfpass und alle zugesicherten Extras: Brustgeschirr, Leine, Futterplan, Flohtablette, Fotos aus der Welpenzeit und erste schriftliche Informationen.

Weitere Gewährleistungsrechte des Käufers werden ausgeschlossen. Insbesondere haftet der Verkäufer nicht für Schäden und Beeinträchtigungen, die durch falsche Haltung, Aufzucht oder Behandlung seitens des Käufers entstehen.

4) Der Käufer bestätigt, die Hündin vor dem Kauf mindestens ein Mal besucht zu haben, und erklärt, dass er über Aufzucht und Haltung der Hündin die notwendigen Kenntnisse besitzt. Der Käufer versichert, dass die Hündin artgerecht gehalten wird, dass jede Art von Zwingerhaltung und jede Art der Einzelhaft ausgeschlossen sind. Der Käufer sichert zu, die Hündin nach den Bestimmungen des Tierschutzgesetzes zu halten. Für den Fall, dass der Käufer diese Verpflichtungen verletzt, steht dem Verkäufer ein Rücktrittsrecht von diesem Vertrag zu. Die Ausübung des Rücktrittsrechts durch schriftliche Erklärung ist aber erst dann zulässig, wenn der Käufer trotz Abmahnung des Verkäufers diese Verpflichtungen nicht einhält.

5) Im Falle des Rücktritts vom Vertrag oder der Rückgabe der Hündin an den Verkäufer ist der Verkäufer verpflichtet, 50 % des Kaufpreises zurückzuerstatten. Die Neuvermittlung der Hündin nimmt der Verkäufer vor und trägt dafür allein die Kosten.

6) Ergänzungen und Änderungen dieses Vertrags bedürfen der Schriftform.

Sollte eine Bestimmung dieses Vertrags unwirksam sein oder werden, so berührt das die Wirksamkeit des übrigen Vertrags nicht. Anstelle des unwirksamen Teils soll das gelten, was die Parteien bedacht hätten, hätten sie die Nichtigkeit der Bestimmungen gekannt. Dabei haben sich die Vertragspartner daran zu orientieren, dass die Zielsetzung dieses Vertrags, nämlich die artgerechte hundliche Haltung und Behandlung zu garantieren, zum Tragen kommt.

Habichtswald, 17. Juni 2021

....	....
Unterschrift Verkäufer	Unterschrift Käufer

Ist der Vertrag unterschrieben, hießt es Abschied nehmen. (Foto: MalaIryna/Shutterstock)

Quellen

Dr. Dieter Fleig: Die Technik der Hundezucht
Dr. Andrea Münnich, Fachtierärztin im Landkreis Barnim
www.gesundheitszentrum-fuer-kleintiere.de
www.tiermedizinportal.de
www.hunde-welpen.de
www.agila.de
www.wuff.eu
Beaglezüchter Hans-Peter Schmidt
Tierphysiotherapeutin Karin Strack
Wikipedia
Eigene jahrelange Erfahrungen

Zum Weiterlesen

Dr. Dieter Fleig (6. Editon 2007):
Die Technik der Hundezucht, *Kynos Verlag*

Sabine König und Sonja Umbach (2018):
Praxisbuch Hundezucht: Wegweiser für Züchter und Deckrüdenbesitzer, *Kynos Verlag*

Madeleine Franck und Rolf C. Franck (2014):
Frühförderung für Welpen, Der Züchter hat es in der Hand, *Cadmos Verlag*

SitzPlatzFuss Sonderausgabe 5 (2020):
Zucht und Welpen, *Cadmos Verlag*

(Foto: Bärbel Kronz)

EIN PAAR WORTE ZUM SCHLUSS

MIT EINEM KURZEN SCHWANZWEDELN
KANN EIN HUND MEHR GEFÜHLE AUSDRÜCKEN
ALS MANCHER MENSCH MIT STUNDENLANGEM GEREDE.

Louis Armstrong

Meine umfassenden Erfahrungen und wundervollen Erlebnisse mit meinen Würfen und Mutterhündinnen stellen eine große Bereicherung in meinem Leben dar, die ich nicht missen möchte. Es ist faszinierend, die tägliche Entwicklung der Welpen mitzuerleben. Jede einzelne Phase wird Sie fesseln. Genau diese Glücksgefühle wünsche ich Ihnen, liebe Leser.

Nur keine Angst! Auch Ihre Hündin trägt das Wolfserbe in sich und wird aufgrund dessen instinktiv das Richtige tun. Vertrauen Sie ihr und Sie werden eine völlig neue Welt entdecken. Sie werden staunen, welche besonderen Talente in Ihrer Hündin schlummern.

Danke

Mein besonderer Dank gilt meiner Freundin Christa, die mir den Impuls gab, dieses Buch zu schreiben. Innigen Dank auch an meinen Mann, der das Korrekturlesen übernahm und mir mit seinen Ideen wertvolle Stichpunkte lieferte, wenn ich einmal einen toten Punkt hatte.

Und zum Schluss ein herzliches Dankeschön an meine Lektorin, Dorothea von der Höh, die mich immer freundlich und kompetent unterstützte.

Bärbel Kranz

STICHWORTREGISTER

SITZPLATZFUSS SONDERAUSGABE V – ZUCHT & WELPEN

Die ersten Lebenswochen eines Hundekindes haben einen entscheidenden Einfluss auf sein weiteres Leben. Viele Züchter versuchen daher „ihre" Welpen optimal vorzubereiten, doch was ist sinnvoll und was zu viel des Guten? Welche Frühförderung brauchen Welpen allgemein, was tun mit Einzelwelpen, Tierschutzhunden und mutterlosen Babys? Wie versorgen, wie füttern, wie prägen, warum ein Besuch beim Hundeosteopathen? Auch für den zukünftigen Besitzer stellt sich die Frage, wie er den für sich passenden Welpen auswählen soll – welcher Züchter ist der richtige? Wofür braucht der Welpe Papiere? Was sagt eine Ahnentafel überhaupt aus, welche Rolle spielen Gesundheit und Verhalten der Elterntiere, mit welchem Alter darf der Welpe einziehen und wie laufen die ersten Wochen mit dem neuen Familienmitglied entspannt ab?

96 Seiten / broschiert | 978-3-8404-8895-5 | www.sitzplatzfuss.com

Auch als E-Book erhältlich

Madeleine und Rolf C. Franck

FRÜHFÖRDERUNG FÜR WELPEN

128 Seiten / broschiert

ISBN 978-3-8404-2036-8

Auch als E-Book erhältlich

Die häufigsten Verhaltensprobleme bei Hunden sind Aggressionen, Ängste und Schwierigkeiten beim Alleinsein. Außerdem können Welpen mit mangelnder Bindungsfähigkeit gegenüber dem Menschen das Zusammenleben und die Erziehung zur Herausforderung für ihren Besitzer machen. Ein guter Züchter will seinen Welpen einen optimalen Start ins Leben ermöglichen. Dabei ist das Wissen über gesundheitliche Aspekte der Hundezucht oft groß.

Madeleine und Rolf C. Franck

DAS WELPEN-ABC

96 Seiten / broschiert

ISBN 978-3-8404-2517-2

Auch als E-Book erhältlich

Ein Welpe bringt Aufregung in den Alltag und viele neue Fragen mit sich. Damit er später keine Ängste oder andere Probleme entwickelt, muss er positive Erfahrungen sammeln, Gelassenheit und Selbstkontrolle lernen, gute Problemlösestrategien entwickeln und wissen, dass seine Menschen immer seine Anlaufstelle sind. In diesem Nachschlagewerk findet der Leser wichtige Informationen alphabetisch sortiert und durch Onlinevideos ergänzt.

Madeleine und Rolf C. Franck

UNSER HUND, MEIN FREUND

80 Seiten / broschiert

ISBN 978-3-8404-2526-4

Auch als E-Book erhältlich

Das Buch vermittelt auf kindergerechte Art das nötige Wissen über Verhalten und Erziehung des vierbeinigen Familienmitglieds und sorgt mit Spiel und Spaß dafür, dass Kind und Hund zu besten Freunden werden. Dabei stehen positives Training und ein liebevoller Umgang mit dem Tier im Fokus. Zusätzlich werden neben dem Verständnis für die Bedürfnisse des Hundes auch Verhaltens- und Trainingstipps für die Vermeidung von Risiken vermittelt.

Steffi Rumpf

ENTSPANNT LEBEN MIT HUND

80 Seiten / broschiert

ISBN 978-3-8404-2527-1

Auch als E-Book erhältlich

Auf Seminaren, in der Hundeschule und auch auf Turnieren sieht man in den letzten Jahren zunehmend Hunde, die ständig unter Strom stehen und entweder nie gelernt oder aber verlernt haben, sich zu entspannen.Teilweise sind auch die Besitzer in bester Absicht die Beschäftigungsfalle gestürzt und erleben selbst das Zusammensein mit dem Hund nicht mehr als Entspannung und Freizeit, sondern als Zeit, in der der Hund ausgelastet werden muss.

CADMOS in CADMOS Verlag www.cadmos.de

Cadmos Verlag GmbH | Englmannstraße 2 | D-81673 München | Tel.: +49 (0) 89 451 08 51-00 DW | E-Mail: vertrieb@cadmos.de